NOUVELLES CONSIDÉRATIONS

SUR

LES VERS A SOIE,

POUR SERVIR A L'HISTOIRE DE CES INSECTES;

PAR M. LOISELEUR-DESLONGCHAMPS,

MEMBRE DE L'ACADÉMIE ROYALE DE MÉDECINE,
DE LA SOCIÉTÉ ROYALE ET CENTRALE D'AGRICULTURE,
DE CELLE D'HORTICULTURE DE PARIS, ETC.

PARIS,

MADAME HUZARD (NÉE VALLAT LA CHAPELLE),
rue de l'Éperon, n° 7.

1839.

NOUVELLES CONSIDÉRATIONS

SUR

LES VERS A SOIE.

IMPRIMERIE

DE MADAME HUZARD (NÉE VALLAT LA CHAPELLE),
rue de l'Éperon, n° 7.

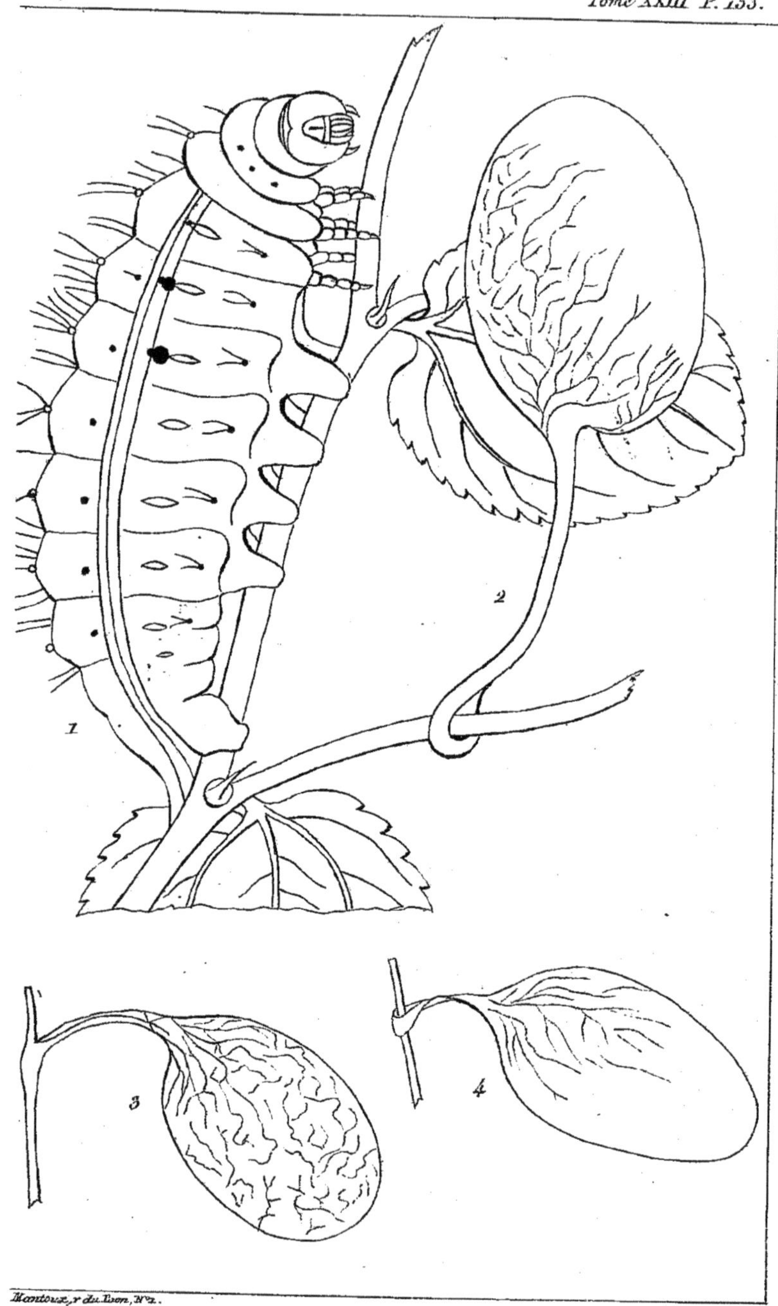

NOUVELLES CONSIDÉRATIONS

SUR

LES VERS A SOIE,

POUR SERVIR A L'HISTOIRE

DE CES INSECTES;

PAR

M. LOISELEUR-DESLONGCHAMPS.

(Extrait des *Annales de l'agriculture française*, 1838.)

La Chine possède le ver à soie depuis plus de quatre mille ans, et tout porte à croire qu'il est originaire de cette vaste contrée; il n'y a pas, au contraire, beaucoup plus de trois siècles que cet insecte a été introduit en France, et, jusqu'à présent, on ne le connaît encore qu'imparfaitement, si je puis m'exprimer ainsi,

I

parce qu'on ne s'en est guère occupé que sous le rapport des produits qu'il peut donner à l'industrie agricole et manufacturière. On a presque entièrement négligé, en général, de rechercher quels phénomènes
physiologiques pouvait présenter le ver à soie lorsqu'il
était placé dans des circonstances particulières et différentes de celles où il se trouve ordinairement dans les
magnaneries. Les pratiques suivies par la plus grande
partie de ceux qui s'occupaient de faire des éducations,
ayant d'ailleurs été pendant très longtemps livrées à la
routine, l'art d'élever cet insecte n'a fait, chez nous,
que fort peu de progrès jusqu'à ces derniers temps, où
de meilleures méthodes ont été mises en usage.

Comme les vers à soie nous furent apportés dans le
principe d'un pays plus chaud que le nord de la France,
on resta convaincu qu'il n'y avait possibilité de les élever avec fruit que dans nos provinces méridionales.
La généreuse entreprise formée par Henri IV, en
1601, de transporter au cœur du royaume la culture
du mûrier, seul arbre qui soit vraiment propre à servir
de nourriture aux vers, ayant échoué par des causes
qui nous sont inconnues, il se passa plus de deux cents
ans avant qu'on pensât à la reprendre. Les causes qui
empêchèrent le projet de Henri IV de réussir n'ont
peut-être tenu qu'aux préjugés qui existaient alors et
qui consacraient la croyance qu'il était impossible
de faire avec profit des éducations de vers à soie dans
le nord de la France.

Ces préjugés se sont propagés jusqu'à ces derniers
temps, et je crois avoir été, il y a une douzaine d'années, un des premiers à élever la voix pour chercher

à les renverser, en prouvant par plusieurs expériences
que le ver à soie n'avait pas besoin des climats mé-
ridionaux pour réussir, et qu'on pouvait, sous la la-
titude de Paris, faire d'aussi bonnes récoltes de cocons
que dans l'Italie et dans le midi de la France.

C'est parce qu'on a cru pendant trois cents ans, et
qu'on croit encore presque généralement, que le ver à
soie est un être délicat auquel il faut un degré de
chaleur assez considérable, que ses produits sont restés pendant si longtemps beaucoup au dessous de ce
qu'ils auraient pu être, si on eût mieux connu la
nature de cet insecte. Voilà aussi pourquoi, même à
présent, nous tirons annellement des pays étrangers
pour plus de quarante millions de soies, tandis que
nous pourrions facilement récolter chez nous tout ce qui
nous serait nécessaire pour les besoins de nos manufac-
tures. Mais le plus qu'on ait encore produit en France,
sous ce rapport, d'après les renseignements qui m'ont
été communiqués au ministère des travaux publics,
de l'agriculture et du commerce, ne s'est monté, dans
ces dernières années, qu'à 36 millions de francs.

Mon intention, dans ce mémoire, est de chercher
à prouver, par plusieurs expériences que j'ai faites à
dessein, ou par des observations que j'ai recueillies
lorsqu'elles se sont présentées à moi, que le ver à soie,
malgré sa faible apparence, est un insecte d'une constitution robuste, qui peut supporter des alternatives très
différentes de température, être soumis à de longs jeûnes, recevoir une nourriture choisie ou grossière ; le
tout sans en être gravement affecté.

PREMIÈRE PARTIE.

Variations de température auxquelles le ver à soie peut être exposé pendant qu'il est encore dans l'œuf, à l'état d'embryon.

Première expérience. Pendant l'hiver de 1829 à 1830, j'ai exposé, pendant plusieurs jours de suite, sur une fenêtre au nord-est, de la graine de ver à soie, à 10 degrés Réaumur au dessous de o, et cela n'a pas empêché cette graine d'éclore au printemps suivant et à la même époque que celle qui avait été hivernée, ou conservée dans une chambre à l'abri de la gelée, ainsi que le recommandent encore tous les auteurs, même les plus modernes, qui ont donné des traités sur les vers à soie. Le même hiver, M. Pomarède, dans le département du Tarn, et M. Amans Carrier, dans le département de l'Aveyron, où le froid fut encore plus rigoureux qu'à Paris, firent la même expérience que moi; les œufs du premier supportèrent 18 degrés de froid, et ceux du second 17 degrés, sans avoir plus souffert que les miens.

J'ai répété cette expérience l'hiver dernier, et mes œufs de vers à soie, qui ont été exposés à l'air libre pendant cinq mois entiers, depuis le 1er novembre 1837 jusqu'au 20 avril de cette année, et ont souffert, le 20 janvier, 13 à 14 degrés de froid au dessous de o, ne paraissent nullement altérés, et ont absolument le même aspect que ceux qui ont été conservés dans la chambre.

Lors des premières expériences que j'ai faites sur l'intensité du froid que les œufs des vers à soie peuvent éprouver sans que cela les empêche d'éclore, j'avais cru d'abord que le principe vital contenu dans leur embryon les mettait à l'abri de la gelée, mais il paraît, au contraire, que ces œufs gèlent complètement sans que le principe vital, qui plus tard doit animer l'embryon , en soit altéré. C'est ainsi que les larves et les chrysalides de plusieurs insectes, au rapport de Blumenbach, sont susceptibles de geler à un tel degré , qu'elles sonnent comme du verre ou des glaçons, sans qu'il en résulte le moindre mal pour l'animal , et M. Audouin, professeur d'entomologie au Muséum d'histoire naturelle, et mon collègue à la Société royale et centrale d'Agriculture, a fait geler de cette manière et a conservé gelés, pendant plusieurs jours de suite, des vers blancs ainsi que des larves de callidie et de pyrale, sans que cette expérience ait fait périr ces insectes. Blumenbach, déjà cité (*Manuel d'histoire naturelle*, traduit de l'allemand, de J.-F. Blumenbach, vol. i, p. 46), paraît croire que , pendant que les larves ou les chrysalides de ces genres d'insectes sont ainsi gelées, l'animal ne cesse pas d'exister et qu'il n'est qu'endormi. Cela est-il bien exact et ne pourrait-on pas penser plutôt que l'animal est réellement mort pendant ce prétendu sommeil, mais que les organes nécessaires à la vie n'ayant pas été altérés, le principe vital, quel qu'il soit, peut y revenir pour faire revivre ces animaux ? On connaît déjà dans

le règne animal l'exemple du rotifère et du tardigrade
de Spallanzani, qui ont la faculté de se ranimer plusieurs fois après avoir été desséchés, de même que cela
a lieu dans les dernières classes des végétaux, comme les
mousses, les lichens, les algues et certains champignons
qui sont susceptibles de rester desséchés pendant plusieurs mois, même pendant des années entières, et qui
jouissent de la propriété de végéter de nouveau quand
ils sont plongés dans l'eau ou seulement dans une atmosphère imprégnée d'une certaine quantité d'humidité.
La solution de cette question me paraît avoir de l'im-
portance, et elle mérite l'attention des physiolo-
gistes.

Deuxième expérience. Le 1er novembre 1836, j'ai
exposé à l'air libre, sur une fenêtre également au nord-
est, un certain nombre d'œufs de vers à soie, et je les
y ai laissés pendant le reste de l'automne, tout l'hiver
et la majeure partie du printemps, enfin jusqu'à ce
que l'éclosion eût lieu spontanément. Pendant tout ce
temps, les œufs, fixés à la toile sur laquelle ils avaient
été pondus, eurent à supporter toutes les alternatives
causées par les différentes variations de la température
atmosphérique. Le maximum du froid ne fut que de
7 degrés en janvier; mais les jours de gelée furent très
nombreux, et ils se prolongèrent jusqu'au milieu d'a-
vril. Les œufs passèrent plusieurs fois, pendant cet
espace de temps, de 4 à 5 degrés au dessous du terme de
la congélation à plusieurs degrés au dessus, et, dans
ce dernier cas, avec de l'humidité et de la pluie. Tout
cela n'empêcha pas les œufs d'éclore depuis le 6 juin

jusqu'au 16 du même mois. Pendant les jours où l'é-
closion eut lieu, le thermomètre varia depuis 8 1|2 degrés
au dessus de o, à cinq heures du matin, le 8 de juin,
jusqu'à 24 1|2 dans le moment le plus chaud de la
journée du 14, et cela ne parut avoir aucune influence
sur la sortie des vers ; car ce fut, en général, avant
cinq heures du matin, c'est à dire dans le moment le
plus froid de la journée, que le plus grand nombre
sortit de l'œuf. Enfin six cent cinquante-sept œufs
produisirent six cent un vers vivants. Dans cinquante-
six œufs seulement les vers avortèrent, ce qui ne s'é-
loigne pas beaucoup de la proportion dans laquelle
naissent les vers dont les œufs ont été conservés à l'abri
du froid pendant toute la mauvaise saison. Je dois encore ajouter que plusieurs orages survenus pendant
l'éclosion ne parurent pas avoir la moindre influence
fâcheuse sur celle-ci. Le premier de ces orages eut lieu
le 9 juin, entre sept et huit heures du soir, à l'époque
où les œufs de la seconde expérience et du premier
tableau avaient commencé à éclore depuis quatre jours.
Eh bien ! le lendemain 10, il y avait cent trente-quatre
vers éclos avant cinq heures du matin, et cent soixante-
quatre en tout jusqu'à une heure de l'après-midi ; de
sorte que le jour qui suivit le premier orage fut celui
où naquit le plus grand nombre de vers ; car ce nombre fut de plus d'un quart sur la totalité, comme on
pourra s'en assurer en jetant un coup d'œil sur mon
premier tableau. Les autres orages n'empêchèrent
pas davantage un plus ou moins grand nombre de vers
de sortir de leurs œufs quelques heures après que ces

orages étaient passés, et même au moment précis où ils éclataient : c'est ce qui résulte des tableaux n° 2 et n° 3. Les œufs furent aussi mouillés plusieurs fois, soit par les pluies d'orage, soit par des pluies simples, sans que cela ait paru leur avoir été nuisible en aucune manière.

Troisième expérience. J'ai placé à la même exposition que dans l'expérience précédente, mais seulement le 14 mars 1837, trois cent soixante œufs de vers à soie, provenant de la première ponte d'une femelle de la race syrienne, et ils sont restés dès lors exposés aux différentes variations de l'atmosphère, si ce n'est qu'ils se trouvaient à l'abri de la pluie, étant dans un petit bocal de verre. Avant d'être ainsi exposés presqu'à l'air libre, ils avaient été conservés à l'abri du froid pendant tout l'hiver. Il n'est sorti de ces œufs, du 7 au 15 juin suivant, que deux cent trente-cinq vers ; cinquante-trois œufs n'ont rien produit, et soixante-douze autres ont été perdus, sans que j'aie pu savoir ce qu'ils étaient devenus.

Quatrième expérience. La seconde partie de la ponte de la femelle ci-dessus, montant à trois cent quatre-vingt-dix œufs, a été placée de même que dans la précédente expérience et à la même époque : il n'en est sorti, du 8 juin au 16 du même mois, que deux cent trente-deux œufs ; tous les autres œufs, au nombre de cent quarante, n'ont produit aucun ver, quoique dans la plus grande partie la petite larve fût toute formée, et que plusieurs de ces larves eussent même commencé à percer leur coquille pour en sortir. J'avais aussi observé la même sorte d'avortement dans presque tous les œufs des expériences n° 2 et n° 3, qui n'avaient pas produit de vers vivants. J'avoue que je n'ai pu pénétrer la cause qui a empêché ces larves toutes formées d'arriver à la vie, quelques unes d'entre elles paraissant même avoir vécu quelques instants, puisqu'elles ont commencé à percer leur coque. Quant aux dix-huit œufs qui manquent encore dans cette expérience, de même que ceux qui ont été perdus ci-dessus, je ne puis attribuer leur perte qu'à ce qu'ils auront été enlevés et mangés par quelques insectes.

Cinquième expérience. Le 10 janvier 1837, j'ai plongé et submergé, dans de l'eau qui n'était qu'à 4 degrés au dessus de o, environ quinze cents œufs de vers à soie, et je les ai laissés dans cette eau pendant quarante-huit heures. Au bout de ce temps, j'ai retiré ces œufs, que j'avais constamment tenus submergés ; je les ai mis à sécher et je les ai ensuite conservés dans la même chambre froide où ils étaient déjà placés avant l'épreuve de la submersion. Ces œufs ont commencé à éclore le 27 de mai suivant ; dix jours après, il y en avait au moins les sept huitièmes qui avaient donné des vers vivants, et le 11 juin, il n'en restait pas un dixième dont il ne fût pas sorti de vers.

Avant de connaître le curieux et important ouvrage que M. Stanislas Julien vient de publier (1), en nous donnant la traduction des principaux traités chinois sur la culture des mûriers et l'éducation des vers à soie, j'avais eu l'idée de soumettre des œufs de vers à soie à une

____

(1) Un vol. in-8, 3 fr. Paris, Madame Huzard.

(16)

submersion beaucoup plus prolongée que celle qu'on
leur fait subir ordinairement pour détacher les œufs
des linges sur lesquels ils ont été pondus ; car le plus
souvent on ne fait plonger la graine dans l'eau que
pendant une heure ou deux. J'avais cru faire beaucoup
plus en submergeant, pendant quarante-huit heures, la
graine des vers à soie que je soumettais à cette expérience, mais je trouve, en consultant l'ouvrage de
M. Julien, que les Chinois font bien davantage ; non
seulement ils baignent les œufs de leurs vers à soie à
une ou plusieurs reprises, mais encore ils les laissent
plongés dans de l'eau salée ou dans de l'eau de chaux
pendant douze jours et même pendant vingt-quatre
(*voyez* l'ouvrage de M. Julien, pages 98 , 99 , 170 et
171). Je dois dire à ce sujet que j'ai bien de la peine
à croire qu'un bain aussi prolongé puisse être bon à
quelque chose, à rendre, par exemple, la soie des cocons plus facile à dévider (l. c. , page 98), ainsi que le
prétendent les Chinois. Lorsque j'ai soumis des œufs
de vers à soie à une submersion complète pendant
quarante-huit heures , je n'avais pas d'autre intention
que d'éprouver si l'œuf de cet insecte pouvait résister à
une semblable épreuve , et mon intention n'était pas
de chercher dans cette expérience un but d'utilité quelconque, mais elle me paraissait seulement pouvoir être
donnée en preuve de la constitution robuste du ver à
soie. Au reste, j'ai soumis, au mois de décembre dernier,
une nouvelle quantité d'œufs de vers à soie à une immersion beaucoup plus prolongée que celle que je leur
avais fait subir l'an passé. Mes derniers œufs sont
restés sous l'eau depuis quatre jusqu'à dix-huit jours,

et aujourd'hui, 20 avril 1838, la graine soumise à cette dernière épreuve a toute l'apparence de s'être conservée bonne; elle ne diffère pas, à la vue, de celle qui n'a pas encore été détachée des papiers ou des linges sur lesquels elle a été pondue.

Je crois donc qu'on peut regarder comme une chose prouvée, d'après les expériences n°s 1 et 2 rapportées plus haut, qu'un froid de 10, et même de 18 degrés au dessous de o pendant quelques jours, et que toutes les variations de l'atmosphère pendant sept mois, n'ont porté aucune atteinte au germe contenu dans les œufs de vers à soie soumis à ces rudes épreuves; puisque cela n'a pas empêché la plus grande partie de ces œufs de produire des vers vivants à l'époque ordinaire où l'éclosion s'opère naturellement.

Dans la cinquième expérience, l'immersion complète, pendant quarante-huit heures, dans un bain à 4 degrés seulement au dessus de o, n'a eu de même aucune influence fâcheuse sur les œufs mis en expérience, qui ont éclos ensuite comme à l'ordinaire; car, dans toutes les éclosions spontanées, et même dans les incubations artificielles que l'on active par la chaleur, il y a toujours un certain nombre d'œufs qui avortent. Les causes qui peuvent d'ailleurs nuire aux œufs de vers à soie et les empêcher d'éclore ne nous sont pas encore toutes connues; en effet, dans ma troisième et ma quatrième expérience, il y a eu un bien plus grand nombre d'œufs dans lesquels les vers ont avorté, quoique cependant ces œufs eussent été exposés bien moins longtemps à toutes les vicissitudes atmosphériques qui pouvaient leur être nui-

sibles, et que celles-ci n'eussent pas été non plus,
à beaucoup près, aussi fortes que dans les expériences
1 et 2.

Dans les éducations de vers à soie qui sont faites pour
en retirer un produit avantageux, on cherche toujours à obtenir, autant que possible, une éclosion des
œufs simultanée, parce que cela facilite beaucoup les
soins subséquents qui sont à donner aux vers pendant
toutes les phases de leur vie. Dans ces derniers temps,
on a cherché à se procurer cette éclosion simultanée
en ne conservant que les œufs pondus par des femelles
qui les eussent faits pendant une seule journée, et
même durant les premières douze heures de leur
ponte. Je suis loin de blâmer les efforts qu'on a pu faire
et qu'on pourra tenter encore pour amener les œufs de
vers à soie à éclore tous à la fois, ou, au moins, dans
un espace de temps le plus limité qu'il sera possible,
parce que cela ne peut certainement qu'être très avantageux pour le succès des éducations; mais je crois
qu'on n'y parviendra jamais d'une manière absolue,
attendu que ce moyen paraît être tout à fait hors des
lois de la nature, qui toujours, au contraire, fait
éclore les œufs en plusieurs jours différents.

La chaleur constante donnée dans les incubations
artificielles peut bien favoriser l'éclosion des œufs de
manière à abréger sa durée; mais jamais encore je ne
l'ai vue réduite à moins de quatre à cinq jours. Dans
ce qu'on appelle aujourd'hui éclosion simultanée, on
ne conserve, pour les élever, ni les vers, toujours en
petit nombre, qui éclosent le premier jour, ni tous
les retardataires, également peu nombreux, qui ne

sortent de leur œuf que le quatrième et le cinquième
jour. On ne recueille, en général, pour en faire l'éducation , que les vers nés le second jour et le troisième
jour au plus.

Dans les incubations artificielles on porte jusqu'à
22 degrés R., et même au delà, la chaleur par laquelle
on veut favoriser l'éclosion des œufs , afin d'abréger,
autant que possible, le temps pendant lequel les vers
en sortent. Mais cette chaleur n'est pas absolument nécessaire pour développer le germe dans l'œuf ; il suffit
de 10 à 11 degrés pour que le petit ver puisse se former
et sortir de sa coquille. J'ai vu plusieurs fois naître
des vers à cette dernière température , et sans que les
jours qui avaient précédé eussent été plus chauds. En
jetant un coup d'œil sur les trois tableaux qui suivent ,
on verra, en effet, que, dans l'éclosion spontanée, ce
n'est pas lors des heures les plus chaudes de la journée,
quand le thermomètre marquait de 20 à 24 degrés,
qu'il est né un plus grand nombre de vers, mais bien,
au contraire, à l'heure la plus froide de la matinée ;
lorsque l'air ambiant n'était qu'à 10 ou 12 degrés.

Comme mon but principal dans ce mémoire est de
faire voir la manière dont se comporte le ver à soie
lorsqu'il est pour ainsi dire abandonné à la nature,
c'est à dire quand il est placé dans des circonstances
presque semblables à celles où il serait à l'état sauvage,
je vais donner successivement des tableaux qui présenteront exactement les phénomènes de l'éclosion naturelle d'un peu plus de quatorze cents œufs de vers à
soie.

N.° I. *TABLEAU de l'éclosion spontanée d'œufs de vers à soie* qui ont été exposés à l'air libre, depuis le 1.er novembre *jusqu'au mois* de juin suivant.

TEMPÉRATURE

de l'atmosphère au dessus de o, indiquée en degrés de Réaumur, et correspondant aux heures pendant lesquelles les larves sont sorties de l'œuf.

La deuxième ligne de chaque jour indique l'état du ciel.

Jours du mois de juin.	A cinq heures du matin.	A sept heures du matin.	A neuf heures du matin.	A onze heures du matin.	A une heure après midi.	A trois heures après midi.	A cinq heures après midi.	A sept heures après midi.	A dix heures du soir.
6	9¼ B.		16½ N.	18⅔ N.	19¼ N.	18¼ N.	16¼ N.	14½ B.	12 B.
7	9¼ N.	11 B.	13 N.	15 N.	15½ N.	15 B.	14⅔ B.	14 B.	13 B.
8	8½ N.	10½ N.	12⅔ N.	13 C.	11 pl.	12 C.	13 B.	12 C.	11⅓ C.
9	11 C.	12 C.	15½ N.	20 N.	21 C.	20¼ N.	19¼ C.	16 C.	14¼ C.
10	12½ N.	14½ B.	15¼ B.	18 ond. l.	19 N.	20 N.	18 N.	16 N.	13 B.
11	12 N.	15 N.	17 N.	19½ N.	21 N.	18 pl.	17 N.	15½ N.	13 B.
12	12 N.	14½ N.	18⅔ N.	22 N.	22½ N.	22 N.	21 N.	17½ N.	15½ B.
13	14 B.	16¼ B.	19 B.	20½ B.	24 N.	23 N.	22 N.	20½ B.	17 N.
14	15½ N.	18½ N.	21 N.	23 N.	24¼ N.	23 N.	21 N.	20½ N.	17 N.
15	15¼ C.	17½ N.	19 B.	20½ N.	24 N.	22 N.	21 N.	17 N.	17 N.
16	16 o. et p.	17½ N.	20 N.	23 N.	20 N.	24 N.	23 N.	17 o. et p.	15½ N.
17	13½ N.	15 N.	16 N.	19 N.	17 pe. pl.	19 N.	18½ N.	17 N.	15 B.
18	13 N.	16 C.	16 C.	17 N.		16½ N,	16 B.	15 N.	13½ N.
						Totaux . . .			

INDICATION

des heures de la journée pendant lesquelles les petites larves sont sort[ies] de leur œuf.

Avant cinq heures du matin.	De cinq heures du matin à sept heures.	De sept heures du matin à neuf heures.	De neuf heures du matin à onze heures.	De onze heures du matin à une heure après midi	D'une heure après midi à trois heures.	De trois heures après midi à cinq heures.	De cinq heures après midi à sept heures.	De sept heures à dix heures du soir.	OBSERVAT...
2	0	1	0	0	0	0	0	0	
4	0	0	0	0	0	0	0	0	
0	8	5	1	0	0	0	0	1	
18	13	12	0	0	0	0	0	0	
134	18	7	3	2	0	0	0	0	
126	32	9	2	0	1	0	1	0	
94	17	4	3	1	0	0	0	0	
49	7	1	0	0	0	0	0	0	
18	3	0	1	1	0	0	0	0	
4	0	3	0	0	0	0	0	0	
1	0	0	0	1	0	0	0	0	
0	0	0	0	0	0	0	0	0	
0	0	0	0	0	0	0	0	0	
443	98	42	10	5	1	0	1	1	601

Observations :

Je n'ignore [pas que] les vents, s[elon le] point d'où il[s] flent, peuven[t]... de l'influence... vers à soie, ... ne m'a pas ét[é possi]ble d'observe[r les] variations.

Explication [des] signes mis en [usage].

B, beau tem[ps] ; [N,] nuageux ; C[,]... vert ; pl.[, pluie] ; pe. pl., petite [pluie] ; or. pl. orage e[t pluie].

Total des ver[s] 601, non c[ompris] 58 œufs, da[ns les]quels les ve[rs] formés ont av[orté ;] 95 autres qui... affaissés sans [que les] vers aient co[mmen]cé à s'y déve[lopper].

Nᵒ II. *TABLEAU de l'éclosion spontanée d'œufs de vers à soie* *jusqu'au mois* ... *qui ont été exposés à l'air libre, depuis le 18 de mars* 1837 *de juin suivant.*

TEMPÉRATURE

de l'atmosphère au dessus de o, indiquée en degrés de Réaumur, et correspondant aux heures pendant lesquelles les larves sont sorties de l'œuf.

La deuxième ligne de chaque jour donne l'indication de l'état du ciel.

Jours du mois de juin.	A cinq heures du matin.	A sept heures du matin.	A neuf heures du matin.	A onze heures du matin.	A une heure après midi.	A trois heures après midi.	A cinq heures après midi.	A sept heures après midi.	A dix heures du soir.
7	9¼	11	13	15	15½	15	14⅔	14	13
	N.	B.	N.	N.	N.	B.	B.	B.	B.
8	8½	10½	12¼	13	11	12	13	12	11½
	N.	N.	N.	C.	pl.	C.	C.	C.	C.
9	11	12	15½	20	21	20½	19¼	16	14½
	C.	C.	N.	N.	C.	N.	C.	or. pl.	C.
10	12¼	14½	15½	18	19	20	18	16	13
	N.	B.	B.	lég. o.	N.	N.	N.	N.	B.
11	12	15	17	19½	21	18	17	15½	13
	N.	N.	N.	N,	N.	pl.	N.	N.	B.
12	12	14¼	18⅔	22	22½	22	21	17½	15½
	N.	N.	N.	N.	N.	N.	N.	B.	B.
13	14	16½	19	20½	24	28	22	20½	17
	B.	B.	B.	B.	N.	N.	N.	or. pl.	N.
14	15½	18½	21	23	24½	23	21	20½	17
	N.	N.	N.	N.	N.	N.	N.	N.	N.
15	15¾	17½	19	20½	24	22	21	20	17
	C.	N.	B.	N.	N.	N.	N.	p. pl.	N.
16	16	17½	20	23	24	24	23	17	15½
	or. pl.	N.	N.	N.	N.	N.	N.	or. pl.	N.
17	13¼	15	16	19	20	19	18½	17	15
	N.	N.	N.	N.	N.	N.	N.	N.	B.
									Totaux.

INDICATION

des heures de la journée pendant lesquelles les petites larves sont sorties de leur œuf.

Avant cinq heures du matin.	De cinq heures du matin à sept heures.	De sept heures du matin à neuf heures.	De neuf heures du matin à onze heures.	De onze heures du matin à une heu. après midi.	D'une heure après midi à trois heures.	De trois heures après midi à cinq heures.	De cinq heures après midi à sept heures.	De sept heures à dix heures du soir.	OBSERVATIONS.
o	o	1	o	o	o	o	o	o	Total des vers éclos 235, non compris 48 œufs dont les vers ne sont pas sortis, quoiqu'on pût voir à la loupe qu'ils étaient tout formés dans la coquille. Il y a eu aussi cinq œufs qui se sont affaissés sans que le ver s'y soit développé ; enfin il a manqué 72 œufs.
o	o	o	1	6	o	o	o	o	
o	o	4	o	o	o	o	o	o	
17	18	10	1	o	o	o	o	o	
19	20	2	2	o	o	o	o	o	
15	13	2	o	o	o	o	o	o	
32	6	3	2	1	o	o	o	2	
48	1	1	o	o	o	o	o	o	
12	1	1	o	o	o	o	o	o	
o	o	o	o	o	o	o	o	o	
o	o	o	o	o	o	o	o	o	
143	59	24	6	1	o	o	o	2	235

N° III. _TABLEAU_ de l'éclosion spontanée d'œufs de vers à soie jusqu'au mois

qui ont été exposés à l'air libre depuis le 18. mars de juin suivant.

TEMPÉRATURE

de l'atmosphère au dessus de o, indiquée en degrés de Réaumur, et correspondant aux heures pendant lesquelles les larves sont sorties de l'œuf.

La deuxième ligne de chaque jour donne l'indication de l'état du ciel.

Jours du mois de juin.	A cinq heures du matin.	A sept heures du matin.	A neuf heures du matin.	A onze heures du matin.	A une heure après midi.	A trois heures après midi.	A cinq heures après midi.	A sept heures après midi.	A dix heures du soir.
8	8½ N.	10¾ N.	12½ N.	13 C.	11 pl.	12 C	13 C.	12 C.	11¼ C.
9	11 C.	12 C.	15⅓ N.	20 N.	21 C.	20½ N.	19½ C.	16 or. pl.	14¼ C.
10	12½ N.	14½ B.	15½ B.	18 lég. o.	19 N.	20 N.	18 N.	16 N.	13 B.
11	12 N.	15 N.	17 N.	19½ N.	21 N.	18 pl.	17 N.	15¼ N.	13 B.
12	12 N.	14¼ N.	18⅔ N.	22 N.	22½ N.	22 N.	21 N.	17¼ B.	15½ B.
13	14 B.	16⅓ B.	19 B.	20½ B.	24 N.	23 N.	22 N.	20½ or. pl.	17 N.
14	15½ N.	18½ N.	21 N.	23 N.	24½ N.	23 N.	21 N.	20¼ N.	17 N.
15	15¼ C.	17½ N.	19 B.	20½ N.	24 N.	22 N.	21 N.	20 pe. pl.	17 N.
16	16 or. pl.	17½ N.	20 N.	23 N.	24 N.	24 N.	23 N.	17 or. pl.	15¼ N.
17	13½ N.	15 N.	16 N.	19 N.	20 N.	19 N.	18½ N.	17 N.	15 B.
18	13 C.	16 C.	16 C.	17 N.	17 pe. pl.	16½ N.	16 N.	15 B.	13½ N.
									TOTAUX.

INDICATION

des heures de la journée pendant lesquelles les petites larves sont sorti[es] de leur œuf.

Avant cinq heures du matin.	De cinq heures du matin à sept heures.	De sept heures du matin à neuf heures.	De neuf heures du matin à onze heures.	De onze heures du matin à une heu. après midi.	D'une heure après midi à trois heures.	De trois heures après midi à cinq heures.	De cinq heures après midi à sept heures.	De sept heures à dix heures du soir.	OBSERVATIONS
0	0	0	0	1	0	0	1	0	Total des ve[rs] 232, non [...] 133 œufs d[...] vers ne sont [...] tis, quoiqu'il[...] sent tout for[...] y a eu aussi [...] affaissés sar[...] l'embryon. s[...] développé, e[...] été perdus.
1	6	7	0	1	0	0	0	0	
25	21	8	1	0	0	0	0	0	
11	15	4	3	0	0	1	0	0	
13	7	1	0	0	0	0	0	0	
48	8	3	2	0	0	0	0	0	
36	1	1	0	0	0	0	0	0	
0	3	0	0	0	0	0	0	0	
2	2	1	0	0	0	0	0	0	
0	0	0	0	0	0	0	0	0	
0	0	0	0	0	0	0	0	0	
136	63	25	6	2	0	1	1	0	232

Je crois avoir prouvé, par tout ce qui précède, que le ver à soie, tant qu'il est dans l'œuf, peut supporter un froid très intense sans en souffrir d'une manière notable. Mes expériences démontrent aussi que son embryon n'a pas besoin d'un grand degré de chaleur pour se développer, et que 10 à 11 degrés suffisent à la petite larve pour venir à la vie.

Je n'ai plus que quelques mots à dire pour prouver également que l'œuf du ver à soie peut aussi supporter un degré de chaleur très élevé, sans que sa substance en soit altérée. L'expérience que je vais rapporter à ce sujet ne m'appartient pas, elle est de Boissier de Sauvages ; mais n'ayant pas encore pu la répéter, je crois pouvoir invoquer le témoignage de cet auteur recommandable. Voici comme il s'exprime, page 94 de l'*Art d'élever les vers à soie*, nouvelle édition, 1 vol. in-8. Avignon, 1788.

« Vers le même temps, je fis éclore un petit paquet
» de graine qui avait été longtemps pendu au dehors
» de ma fenêtre à un mur exposé au midi, où la cha-
» leur directe du soleil faisait monter le thermomètre
» à 45 degrés, tandis que la liqueur descendait pendant
» la nuit au quinzième degré au dessus de zéro, ce qui
» fait une différence de 30 degrés du plus au moins de
» chaleur qu'éprouvèrent les graines de ce paquet :
» cependant toutes se vidèrent, quoique fort à la
» longue. »

Il doit donc demeurer constant, d'après mes expériences, celles de M. Pomarède, de M. Amans Carrier et de Boissier de Sauvages, que l'embryon du ver à soie contenu dans l'œuf peut être soumis, sans que cela l'empêche d'éclore, à une différence de température de plus de 60 degrés. D'après cela, si l'œuf de cet insecte est déjà doué d'une force vitale aussi considérable, j'en conclurai qu'il est destiné à donner naissance à un être qui sera également d'une constitution très robuste. C'est ce dont je vais chercher à donner des preuves, en considérant les vers à soie dans les autres phases de leur vie, c'est à dire quand ils sont à l'état de larve, de chysalide et de papillon.

Cependant, avant de passer aux différentes épreuves que j'ai fait subir soit aux larves, soit aux chrysalides, soit aux papillons du ver à soie, je crois devoir encore revenir sur certaines particularités concernant l'éclosion de ses œufs.

Déjà on a pu reconnaître, par l'inspection des tableaux n.os 1, 2 et 3 de ce mémoire, placés de la page 14 à la page 19, de quelle manière s'opérait l'éclosion spontanée des œufs de vers à soie lorsqu'elle se faisait à l'air libre, et l'on a vu que c'était pendant les heures les moins chaudes de la journée qu'elle se faisait. En effet, en résumant ces trois tableaux, on trouve que sur 1,070 vers éclos,

722 sont sortis de l'œuf avant cinq heures du matin,
220 de cinq heures du matin à sept,
 91 de sept heures du matin à neuf heures,
 22 de neuf heures du matin à onze heures,
  8 de onze heures du matin à une heure après midi,
  1 d'une heure après midi à trois heures,
  1 de trois heures après midi à cinq heures,
  2 de cinq heures après midi à sept heures,
  3 de sept heures à dix heures du soir.

____

1,070 en tout.

En consultant encore ces mêmes tableaux , et principalement le n° 1 , pages 14 et 15 , on verra que
deux fois , à cinq heures du matin , la température ne
fut que de 9 degrés 1/4 au dessus de 0 , et même , une
fois , le 8 juin , à 8 degrés 1/2 seulement ; ce qui n'empêcha pas , deux heures après , quelques vers de sortir
de leur œuf , quoique l'air ambiant ne fût encore qu'à
10 degrés 1/2. Enfin le jour où l'éclosion fut la plus
nombreuse , comme je l'ai déjà fait remarquer au sujet
d'un orage qui eut lieu la veille , le 10 de juin , le thermomètre , à cinq heures du matin , ne marquait encore
que 12 degrés 1/2 au dessus de 0 , et il y avait , en ce moment , cent trente-quatre vers éclos , tandis que , le 14 suivant , d'une heure de l'après-midi à cinq heures , le
thermomètre ayant marqué 24 degrés 1/2 , il n'est pas
cependant éclos un seul ver.

Avant de faire ces expériences sur l'éclosion des œufs
de vers à soie à l'air libre , j'en avais commencé d'autres à peu près de la même manière , et quelque temps
auparavant sur des œufs de vers qui avaient été conservés dans une chambre jusqu'au moment où les petits
vers en sont sortis. L'éclosion de plusieurs de ces œufs
précéda de vingt-six jours celle qui eut lieu à l'air libre ,
et que j'ai rapportée plus haut ; mais elle s'opéra de
même fort lentement , et même encore plus lentement ,
puisqu'elle dura depuis le 10 de mai 1837 jusqu'au 3 de
juin suivant : elle eut lieu avec les œufs de cinq femelles
différentes , qui avaient pondu , en juillet 1836 , à trois
ou quatre jours d'intervalle. Cette éclosion dura vingt-
deux jours en tout , depuis le 10 de mai jusqu'au 1er juin
suivant , sous une température moyenne de 13 à 14 dé-
grés. Pendant les journées où la température fut la

(23)

moins élevée, le thermomètre marqua, à cinq heures
du matin, le 10 et le 12 mai, 10 degrés au dessus de o,
et pendant le jour où elle s'éleva le plus, elle fut, le
29 juin, à trois heures de l'après-midi, à 17 degrés 1⁄3.

J'avais dressé quatre tableaux analogues à ceux placés ci-dessus, pages 14 à 19, indiquant les moments
de l'éclosion jour par jour et de deux heures en deux
heures pendant chaque journée; mais la composition
de ces tableaux étant très longue et très difficile,
quant à l'impression, je n'en rapporterai ici que le résumé, ainsi qu'il suit. Sept cent cinquante-six œufs provenant de deux femelles ont produit, du 10 mai au
1er juin :

35 vers sortis de l'œuf avant cinq heures du matin,
384 sortis de cinq heures du matin à sept heures,
110 de sept heures du matin à neuf heures,
50 de neuf heures à onze heures du matin,
31 de onze heures du matin à une heure après midi,
4 d'une heure après midi à trois heures,
5 de trois heures après midi à cinq heures,
6 de cinq heures à sept heures après midi,
6 de sept heures à dix heures du soir.

─────
641 en tout.

Cent quinze œufs n'ont rien produit, quoique dans
le plus grand nombre on pût voir à travers la coquille
les petits vers tout formés.

Dans le second tableau, qui comprenait l'éclosion
des œufs d'une seule femelle, ayant commencé le
21 mai et s'étant terminée le 1er juin, cette éclosion
s'était opérée ainsi qu'il suit :

283 vers étaient sortis de leur œuf avant cinq heures du
matin,

160 de 5 heures du matin à sept heures,

45 de sept heures à neuf heures,

26 de neuf heures du matin à onze heures,

15 de onze heures à une après midi,

10 d'une heure après midi à trois heures,

6 de trois heures après midi à six heures,

3 de cinq heures après midi à sept heures,

11 de sept heures à 10 heures du soir.

559 en tout, non compris soixante-neuf œufs, dans
lesquels les vers ont avorté.

Mon troisième tableau comprenait de même l'indication de l'éclosion des œufs d'une autre femelle, laquelle s'était également opérée du 21 mai au 1er juin.
En voici le résultat :

159 vers sont éclos avant cinq heures du matin,

118 de cinq heures du matin à sept heures,

52 de sept heures du matin à neuf heures,

27 de neuf heures du matin à onze heures,

12 de onze heures du matin à une heure après midi,

9 d'une heure après midi à trois heures,

7 de trois heures après midi à 5 heures,

8 de cinq heures après midi à sept heures,

28 de sept heures à neuf heures du soir.

420 en tout, non compris trente-neuf œufs dans lesquels les vers ont avorté.

Mon quatrième et dernier tableau renfermait, ainsi
que les trois précédents, l'indication détaillée de la

manière dont s'était opérée l'éclosion des œufs d'une dernière femelle, qui avait eu lieu depuis le 24 de mai jusqu'au 3 juin suivant.

186 vers sont sortis de l'œuf avant cinq heures du matin,
  96 de cinq heures du matin à sept heures,
  63 de sept heures du matin à neuf heures,
  38 de neuf heures du matin à onze heures,
  12 de onze heures du matin à une heure après midi,
   7 d'une heure après midi à trois heures,
   4 de trois heures après midi à cinq heures,
   4 de cinq heures après midi à sept heures,
   1 de sept heures à neuf heures du soir.
____

411 en tout, non compris cinquante-un œufs dans lesquels les vers, quoique tout formés, ont avorté sans pouvoir percer leur petite coquille.

Les résultats de ces quatre différentes éclosions, qui se sont faites dans une chambre exposée au sud-est, mais non chauffée, présentent, sans doute, quelques différences si on les compare avec ceux qu'a offerts l'éclosion spontanée à l'air libre ; mais ces différences ne sont pas considérables, puisque dans les unes, de même que dans les autres, le plus grand nombre des vers sont éclos pendant les premières heures de la matinée et durant les moins chaudes de la journée. Dans l'une comme dans l'autre éclosion, il est d'ailleurs sorti très peu de vers pendant les premiers et les derniers jours ; c'est toujours pendant les trois jours du milieu de l'éclosion que la moitié ou même les deux tiers des vers sont sortis de leur œuf.

J'aurais bien désiré pouvoir faire éclore un certain nombre d'œufs en les soumettant à la chaleur d'une étuve et à une température de 20 à 22 degrés, ou même plus, au dessus de o ; mais n'ayant pas un local convenablement disposé, je n'ai pu faire cette dernière expérience, qui eût complété mes observations sur l'éclosion des œufs de vers à soie.

Je crois, d'ailleurs, n'avoir pas besoin d'avertir que toutes les expériences que j'ai rapportées jusqu'ici, et qui ont toutes été faites sous l'influence d'une basse température, n'avaient pour but que de démontrer la constitution robuste du ver à soie, qui déjà me paraît suffisamment prouvée sur un premier point par les rigoureuses épreuves que j'ai fait subir à ses œufs, en les soumettant à une intensité de froid considérable, et en les faisant ensuite éclore à une température sous laquelle on ne croyait pas généralement que leur embryon pût se développer.

Quant à ce que, ainsi que je l'ai fait remarquer, l'éclosion des vers à soie, lorsqu'elle est spontanée, a principalement lieu au moment du lever du soleil et dans les quatre à cinq heures qui suivent, je me demande si ce phénomène est lié au réveil général de la nature, et s'il se passe quelque chose d'analogue dans la naissance des autres êtres animés.

DEUXIÈME PARTIE.

Intensité du froid et durée des jeûnes qu'on peut faire subir aux vers à soie à l'état de larves.

Dans la première partie de ce mémoire, j'ai prouvé, autant qu'il était possible de le faire, par un certain nombre d'expériences positives, que le ver à soie, encore renfermé dans l'œuf à l'état d'embryon, pouvait, sans en souffrir notablement, être exposé à une différence de plus de 60 degrés au thermomètre de Réaumur, c'est à dire supporter depuis 10 et même 18 degrés au dessous de 0, jusqu'à 45 degrés au dessus.

Je vais maintenant continuer à apporter de nouvelles preuves de la constitution robuste de cet insecte qui, en apparence, nous semble si faible, en faisant connaître les différentes épreuves que je lui ai fait subir à l'état de larve.

Première expérience. Le 10 de mai 1837, quelques vers à soie ayant éclos spontanément dans une chambre où le thermomètre ne marquait que 10 degrés R., et où il avait été à peine plus élevé les jours précédents, j'en exposai trois, à huit heures du matin, dans un appareil refroidi à 4 degrés au dessous de 0, et je les y laissai pendant quinze minutes (1). En sortant de cet air glacé, les petits vers furent replacés dans l'air ambiant, qui était alors à 10 degrés 1/2 au dessus de glace : ils n'avaient aucune espèce de mouvement et je les crus

____

(1) Justi a le premier, en 1753, exposé, pendant cinq minutes, des vers à soie à un froid très intense.

morts; mais au bout de cinq minutes ils commencèrent à faire quelques mouvements, quoiqu'un peu plus
lentement qu'avant d'avoir été soumis à l'épreuve
du froid, et, après être restés à l'air libre pendant
quinze autres minutes, ils reprirent tous la même faculté de se mouvoir avec autant d'agilité qu'ils avaient
en sortant de l'œuf.

Deuxième expérience. Le 18 de mai suivant, à onze
heures du matin, je plongeai, pendant vingt minutes,
quarante-cinq vers à soie, qui venaient d'éclore, dans
un appareil refroidi à 4 degrés au dessous de glace.
Lorsqu'ils en furent retirés, ils étaient sans mouvement de même que les précédents; mais après avoir été
exposés pendant quelques minutes à l'air ambiant, qui
était alors à 12 degrés 1/2 au dessus de 0, ils commencèrent à donner quelques signes de vie, et, au bout
d'une demi-heure, tous se mouvaient comme avant
d'avoir subi l'épreuve du froid.

Troisième expérience. Le 29 du même mois, à huit
heures du matin, je plaçai deux cents vers à soie qui
venaient d'éclore, dans un appareil refroidi, à 5 degrés au dessous de glace; ils y restèrent pendant huit
minutes, après lesquelles ils paraissaient comme s'ils
eussent été morts; mais replacés dès ce moment dans
l'air ambiant, qui était alors à 14 degrés 1/2 au dessus
de glace, ils se ranimèrent tous successivement de même
que les précédents.

Quatrième expérience. Le 2 juin 1837, à huit
heures du matin, je pris dix vers à soie, nés depuis six
jours, et qui, jusque-là, avaient été convenablement
nourris avec de la feuille de mûrier; je les plaçai dans

un appareil refroidi à 5 degrés au dessous de o , et je les y laissai pendant dix minutes. En les retirant, les vers étaient engourdis et paraissaient morts , mais ils se ranimèrent successivement dans l'espace de dix à quinze minutes , et replacés tout de suite après sur des feuilles de mûrier, ils se mirent aussitôt à manger.

Cinquième expérience. Dix autres vers à soie , du même âge que les précédents, ayant été laissés, pendant vingt-cinq minutes, dans le même appareil refroidi à 5 degrés au dessous de o , ils ont tous été retirés gelés et morts , sans qu'il y ait eu possibilité de les rappeler à la vie.

Il résulte des cinq expériences que je viens de rapporter que la petite larve du ver à soie , au moment où elle vient de sortir de l'œuf, de même que six jours après, peut rester plongée, pendant dix, quinze et vingt minutes, dans une atmosphère refroidie à 4 et 5 degrés sous o , sans que cela puisse la priver de la vie. Il a fallu prolonger jusqu'à vingt-cinq minutes le séjour de ces larves dans la glace pour les tuer.

Déjà quelques auteurs (1) avaient annoncé que les vers à soie pouvaient supporter quelques jours de jeûne, sans en souffrir d'une manière remarquable ; mais, jusqu'à présent que je sache, on n'avait point encore soumis de ces vers à un jeûne rigoureux, avec l'intention d'observer jusqu'à quel point ces insectes pou-

---

(1) On trouve, dans les *Annales de l'agriculture française* (2ᵉ série, vol. 13, pag. 180), l'extrait d'une lettre de M. Vassali-Eandi, de Turin , où il est dit que des vers à soie restèrent, pendant sept jours , privés de toute nourriture, sans en éprouver un dommage notable.

vaient le supporter ; c'est ce que j'ai fait, soit de dessein prémédité , soit lorsque les circonstances favorables à cette observation se sont naturellement présentées à moi.

Première expérience (1). Au mois d'avril 1827, j'avais fait éclore un bien plus grand nombre de vers à soie qu'il ne m'était possible d'en nourrir d'après la quantité de feuilles de mûrier que j'avais à ma disposition ; c'est pourquoi je fus forcé, le septième jour après l'éclosion, d'abandonner environ trois mille de ces vers. En cessant de leur donner de la nourriture, je les laissai sur leur litière, et j'eus soin de les observer chaque jour, afin de pouvoir m'assurer combien ils pourraient vivre de temps après avoir été privés d'aliments. A ma grande surprise, tous mes vers conservèrent, en apparence, pendant quatre jours à peu près, le même état de santé et de vigueur que s'ils eussent eu des feuilles de mûrier à manger ; et je n'en remarquai aucun qui fût sans mouvement ou mort. Après cent heures du jeûne le plus sévère, je jetai, dans un coin de la tablette sur laquelle ces vers étaient placés, quelques feuilles de mûrier, et, peu d'instants après, elles furent toutes couvertes de petites larves qui mangeaient avec avidité. Le lendemain, je donnai pareillement de la nourriture à d'autres vers qui étaient dans une autre partie de la tablette, et qui se trouvaient alors avoir jeûné pendant cinq jours entiers.

---

(1) J'ai déjà publié cette expérience et les quatre suivantes ; mais je crois nécessaire de les reproduire ici comme faisant partie du sujet que je traite dans ce mémoire.

Ainsi que les premiers, ces derniers vers montèrent de même sur la feuille fraîche aussitôt qu'elle leur fut donnée et se mirent à la manger. Les sixième et septième jours, je fis encore la même chose, et, ce qui doit mériter d'être remarqué, c'est que, le premier de ces deux jours, les vers que je recueillis, après qu'ils eurent monté sur les nouvelles feuilles que je venais de leur donner, avaient tous fait leur première mue. Six jours entiers d'un jeûne rigoureux ne les avaient pas empêchés de passer heureusement cette époque critique de leur existence, et d'en sortir sains et saufs. Ce qu'il y a de plus étonnant, c'est que d'autres vers du même âge, auxquels je donnais constamment trois repas tous les jours, ne firent cependant cette mue que vingt-quatre heures plus tard. Comme la privation de toute nourriture paraissait avoir eu sur les vers qui y avaient été soumis une influence plutôt heureuse que fâcheuse, je pris dès lors la résolution de reprendre et de continuer l'éducation de ces vers jeûneurs, afin de voir quelle en serait l'issue, et je conservai deux cent cinquante de ceux qui avaient supporté un jeûne aussi rigoureux, les uns pendant quatre jours, les autres durant cinq, six, et même sept jours. En les remettant dès lors à la même nourriture que ceux qui n'en avaient jamais été privés, ils parcoururent le reste de leur carrière ni plus ni moins bien que ceux qui avaient eu constamment plusieurs repas réguliers tous les jours. Il y a mieux, c'est que le cent des cocons faits par mes vers jeûneurs pesa 6 onces 5 à 6 gros (202 à 206 gramm.), c'est à dire qu'il n'en eût fallu que deux cent cinquante à deux cent cinquante-deux pour peser

une livre (489 gr.), tandis que cent cocons des autres
vers n'ayant jamais jeûné ne pesaient que 6 onces 2 à
3 gros (191 à 195 gr.) , ou qu'il en eût fallu au moins
deux cent soixante pour faire le même poids d'une livre
(489 gramm.). Il n'est pas inutile que je fasse remarquer que le cabinet dans lequel les vers furent tenus,
pendant tout le temps de leur jeûne, était privé de lumière, et que la température n'y fut toujours qu'entre
9 degrés 1/2 et 11 degrés au dessus de 0. Quant aux vers
que je continuai à laisser tout à fait privés de nourriture, ils moururent tous du huitième au neuvième jour.

Deuxième expérience. Au mois de mai 1830, je
renfermai dans un bocal cent vers à soie qui venaient de
naître, et je les plaçai dans une cave où le thermomètre
était à 9 degrés 1/2 au dessus de 0. Au bout de huit
jours, il y avait quatre-vingt-huit de ces petits animaux
qui vivaient encore, quoiqu'ils n'eussent reçu aucune
nourriture depuis qu'ils étaient sortis de l'œuf.

Troisième expérience. Au mois de mai 1830, pour
les raisons que je dirai plus bas, je réduisis à un seul
repas par jour un grand nombre de vers à soie (ceux
provenant de plus de deux onces (61 gr.) de graines), au
moment où ils venaient de faire leur première mue; et en
même temps je les tins à une basse température, à celle
de 10 à 12 degrés au dessus de glace. Cette réduction considérable dans la nourriture ne me parut pas
avoir d'influence fâcheuse sur mes vers, si ce n'est
qu'elle ralentit beaucoup leur croissance. A une température de 19 à 20 degrés et à quatre ou cinq repas
par jour, les vers à soie ne mettent ordinairement que
quatre jours entre la première et la seconde mue, tan-

dis que les miens y employèrent douze jours. Du reste, ils eurent, après la deuxième mue, la même grosseur que les vers ont communément à cette époque de leur existence.

Quatrième expérience. La même année et peu après, je fus forcé d'abandonner un grand nombre de vers à soie, parce que je manquais de feuilles pour leur donner à manger, la plus grande partie de mes mûriers ayant été gelés. Au bout de six jours d'abandon, dont les deux derniers passés à l'air libre sur une litière qui était devenue un véritable fumier, par suite des pluies abondantes qui étaient tombées, soit le jour, soit la nuit, un grand nombre de vers avaient fait leur troisième mue, et ceux-là paraissaient pleins de vie. Ni un jeûne rigoureux pendant six jours, ni l'exposition à des pluies abondantes pendant deux jours, ni même le froid des nuits, ou la chaleur des rayons solaires pendant le jour, ce qui avait dû faire varier la température d'au moins 20 degrés, et peut-être beaucoup plus, n'avaient pas empêché ces vers d'accomplir une de leurs mues. Un certain nombre de ces vers ayant été conservés et de nouveau nourris convenablement jusqu'à leur maturité, ils firent des cocons qui ne différèrent en rien, pour le poids et pour la grosseur, d'autres cocons produits par des vers qui n'avaient jamais jeûné, et qui avaient été gardés constamment à l'abri de toutes les intempéries de l'atmosphère.

Cinquième expérience. Ayant privé, à peu près dans le même temps, cent vers à soie de toute nourriture au moment où ils venaient de faire leur troisième mue, ces larves se trouvèrent si languissantes au com-

mencement du septième jour, lorsque je leur donnai de
nouveau des feuilles de mûrier à manger, que trente-
une seulement eurent la force de monter dessus. Toutes
les autres moururent sans y toucher, et cinq jours après
il n'en restait plus que onze vivantes sur les trente-une
qui avaient d'abord résisté à six jours de jeûne, et
encore paraissaient-elles si faibles que je ne jugeai
pas à propos de continuer à les observer plus longtemps.

Sixième expérience. Le 16 mai 1837, à six heures
du soir, je plaçai dans une cave, dont la température
était alors à 6 degrés 1/2 au dessus de o, vingt-cinq
vers à soie, nés du matin, et qui, jusque-là, n'avaient
rien eu à manger. Ces petits vers étaient renfermés
dans une petite boîte de carton, afin qu'ils ne pussent
s'écarter et se perdre; ce qu'ils n'auraient pas manqué
de faire pour aller à la recherche de la nourriture, dont
je les privais. Le 28 du même mois et à neuf heures
du matin, après douze jours de jeûne, ayant retiré ces
vers de la cave, qui était alors à 6 degrés 3/4; j'en trouvai encore vingt-un donnant des signes de vie;
quatre seulement étaient morts. A compter de ce jour,
28 mai, ces vingt-un vers, après ce long jeûne, furent convenablement nourris de feuilles de mûrier, et
ce qui en resta au bout de trente-trois à trente-cinq
jours produisit douze cocons, qui n'ont pas différé, par
la grosseur, le poids et la consistance, d'autres cocons
faits par des vers élevés à la manière ordinaire.

Septième expérience. Le 18 de mai 1837, la végétation était très en retard; il n'y avait pas encore
une seule feuille de mûrier qui fût développée, et par

conséquent il était impossible de nourrir les petites
larves de vers à soie ; cependant il m'en était éclos un
certain nombre depuis le 10 de ce mois. A midi du
18 mai, je renfermai, dans une petite boîte de carton,
quarante-cinq vers à soie nés du matin, et qui venaient d'être soumis à la deuxième expérience sur le
froid (voyez page 28). La petite boîte de carton fut
elle-même mise dans une autre en bois, et je plaçai le
tout dans un réservoir à glace, où la température était
à 3 degrés au dessus de o, et où je le laissai jusqu'au
29 du même mois à quatre heures du soir. Les boîtes
ayant alors été ouvertes et les petits vers exposés à l'air
ambiant, dans une chambre où le thermomètre se
trouvait à 17 degrés au dessus de glace, je trouvai seize
de ces petites larves encore vivantes, vingt-sept étaient
mortes. La perte, dans cette expérience, a été bien
plus grande que dans la précédente ; mais il me semble
qu'elle peut être attribuée à ce que les jeunes vers,
avant d'être soumis à un long jeûne, avaient déjà subi
une assez rude épreuve, ayant été exposés à un froid
de plusieurs degrés au dessous de o pendant vingt
minutes. Au reste, les seize vers qui vivaient encore
le 29 mai, ayant été dès lors nourris régulièrement,
ceux qui arrivèrent au terme de leur maturité produisirent onze cocons qui, comparés avec d'autres cocons
faits par des vers d'une éducation ordinaire, ne présentèrent aucune différence apparente.

Huitième expérience. Le 31 mai de la même année,
à huit heures du matin, je recueillis cent petits vers
à soie nés du jour ou depuis les deux jours précédents, et qui n'avaient encore rien eu à manger ; je

leur donnai quelques feuilles de mûrier, afin de les
faire monter dessus et de faciliter, par ce moyen, leur
séparation d'avec les autres œufs non encore éclos, auxquels ils étaient mêlés. Sans leur donner de nouvelles
feuilles; je les renfermai dans une boîte de carton que
je plaçai dans une cave, où le thermomètre marquait
7 degrés 1⁄4 au dessus de o, et je les y laissai jusqu'au
5 juin suivant, à six heures du matin. Au moment où
je les retirai de la cave, la température s'y trouvait plus
élevée d'un degré 1⁄4; et par conséquent à 8 degrés 1⁄2,
par l'effet de la chaleur de l'air ambiant extérieur qui,
pendant plusieurs des jours précédents, avait at-
teint 20 à 21 degrés dans son maximum. En ouvrant
la boîte qui renfermait les vers ; j'en trouvai quatre-
vingt-treize vivants et sept morts. Les premiers faisaient à peu près les mêmes mouvements que s'ils n'eussent fait que sortir de l'œuf peu d'instants auparavant.
Je leur donnai des feuilles fraîches de mûrier coupées
en petits morceaux : dix minutes après, ils étaient montés dessus, et au bout de vingt autres minutes presque tous avaient mangé. Enfin, de ces quatre-vingt-
treize vers nourris convenablement pendant trente-
quatre à trente-six jours; les deux tiers, ou à peu près,
parvinrent à l'âge de maturité, et soixante produisirent
des cocons dont le poids était tel que, dans la proportion, il en eût fallu deux cent cinquante à deux cent
soixante (1) pour peser une livre (489 gr.).

Neuvième expérience. Le même jour, 31 mai, à six

____

(1) Ce nombre est celui qui doit se trouver dans une livre de
cocons provenant d'une bonne éducation.

heures du soir, je plaçai, de la même manière et dans la même cave, cent vers à soie, qui étaient tous nés dans la matinée de ce jour. Le 5 juin suivant, à six heures du matin, c'est à dire après cinq jours entiers de jeûne, je retirai les vers de la cave, et j'en retrouvai quatre-vingt-dix-huit parfaitement vivants ; il n'y en avait que deux qui fussent morts. A compter du jour et de l'heure que je viens de dire, la feuille de mûrier fut donnée convenablement à ces quatre-vingt-dix-huit vers, et les trois quarts, ou à peu près, d'entre eux avaient déjà fait ou commencé leurs cocons trente-cinq jours après, et ils ont produit soixante-quatorze cocons en tout, dont le poids était tel, que si j'en eusse eu deux cent trente, pesant dans la même proportion, ces deux cent trente cocons eussent pesé une livre (498 gr.), poids de marc.

Dixième expérience. Les deux cents vers à soie qui m'avaient servi à faire l'expérience sur le froid (n° 3 , page 28 de ce mémoire), peu après être sortis de l'atmosphère glacée dans laquelle je les avais plongés, furent mis , le 29 mai, sans avoir rien eu à manger, dans une petite boîte de carton qui, elle-même, fut renfermée dans une autre en bois, et à trois heures de l'après-midi, le tout fut placé dans un réservoir à glace, où le thermomètre marquait 3 degrés au dessus de o, et où ces boîtes restèrent jusqu'au 8 juin, trois heures après midi. A quatre heures et demie de ce même jour, c'est à dire après un jeûne de dix jours et dix à onze heures, je commençai à donner à manger aux vers qui vivaient encore, et c'était le plus grand nombre. Je n'ai pu les compter exactement faute de temps et à cause de la difficulté qu'il y avait à le faire. Huit jours après, le 16 juin suivant, il me restait cent vingt vers vivants, ayant échappé à l'épreuve d'un froid de plusieurs degrés au dessous de 0, et à celle d'un jeûne de près de dix jours et demi. Ces vers ont été alors nourris à la manière ordinaire jusqu'au moment où ils ont fait leurs cocons, ce qui eut lieu du vingt-neuvième au trente-deuxième jour de l'éducation. Ce qui est resté de ces cent vingt vers a produit quatre-vingt-dix-sept cocons, c'est à dire un peu moins des cinq sixièmes de ce que j'avais compté de vers au huitième jour de l'éducation. Ces cocons m'ont fourni le sujet d'une observation que je n'avais point encore faite, c'est que les premiers faits par les vers sont plus légers que ceux qui ne sont filés que le second jour ; ainsi trente cocons, commencés par les vers le 8 juillet et récoltés le 12 suivant, pesaient 4 onces moins 9 grains (121 gr.) ; par conséquent, deux cent quarante cocons semblables eussent pesé 1 livre moins 1 gros (485 gr.). Au contraire, vingt-huit cocons qui ne furent commencés par les vers que le 9 juillet pesaient, le 13, 2 onces 1/2 gros (63 gr.) ; d'où il suit que deux cent vingt-quatre de ces derniers cocons eussent pesé une livre 4 gros (504 gr.), ce qui donne environ un trentième de plus en poids que pour les premiers.

Onzième expérience. Le 10 juin 1837, à cinq heures du matin, je renfermai cent soixante vers à soie, qui venaient de sortir de l'œuf, dans une petite boîte de carton, et celle-ci fut elle-même mise dans une autre boîte de bois. Tout cela fut fait sans donner aux jeunes vers la moindre parcelle de feuilles de mûrier, et, à huit heures du soir du même jour , le tout a été placé sur la glace dans la glacière de M. Berger , située à la Villette , où cela resta jusqu'au 28 juin suivant à quatre heures de l'après-midi ; mais ce ne fut qu'à huit heures du soir que je pus ouvrir les boîtes , afin de donner à manger aux vers pour la première fois depuis dix-huit jours et quinze heures qu'ils étaient nés. Lorsque je fis l'ouverture des boîtes dans lesquelles étaient les vers , le thermomètre marquait , dans mon cabinet , 19 deg. 1/3 au dessus de o : de sorte qu'en quatre heures de temps les petites larves passèrent de la température de glace fondante à celle qui vient d'être dite. A l'ouverture des boîtes, la plus grande partie des vers me parurent encore vivants : ils s'agitaient , levaient la tête et paraissaient chercher à manger, à peu près de la même manière que s'ils fussent sortis de leurs œufs quelques instants auparavant. Je coupai alors de la feuille tendre de mûrier en morceaux menus , et je la plaçai çà et là, tant dans la petite boîte de carton que dans son couvercle , enfin partout où les petits vers étaient disséminés. Quinze minutes après , tous les vers encore vivants et ayant conservé assez de force avaient grimpé sur les morceaux de feuilles de mûrier : il n'y en eut que vingt-cinq qui ne le purent faire , et encore six seulement étaient morts ; mais les dix-neuf autres se trouvèrent trop faibles et ne purent monter sur les feuilles que je leur avais données. Le 29 et le 30 juin , tous les vers faibles et languissants moururent, et , le 1er juillet , il n'en restait plus que quatre-vingt-un qui fussent encore vivants. A compter de ce jour, ceux qui restaient de ces vers ayant résisté à un jeûne de dix-huit

jours et quinze heures, et à un séjour, pendant le
même temps, dans un milieu qui était à la températu-
ture de glace fondante, paraissaient en général bien
portants. Ces vers ont dès lors parcouru régulièrement toutes les autres phases de leur existence, sans
que j'en aie beaucoup plus perdu qu'on ne fait dans les
éducations ordinaires. Sur cinquante-deux qui sont parvenus à l'époque de la maturité, du trente au trente-
quatrième jour de leur éducation, cinquante-un ont
fait des cocons qui pesaient ensemble 3 onces. 1 gros
32 grains (97 gr., 20); de sorte que, dans la proportion,
il en eût fallu environ deux cent cinquante-sept pour
faire le poids d'une livre ordinaire.

Douzième expérience. Le 1er juillet 1837, à huit
heures du soir, je plaçai dans la glacière déjà indiquée,
avec les mêmes précautions que j'avais prises précédemment, trente vers à soie qui venaient de terminer leur
troisième mue, et, sans leur donner rien à manger, je
les y laissai jusqu'au 11 suivant à la même heure, ou
dix jours entiers. Lorsque j'ouvris, à neuf heures du
soir, la boîte dans laquelle j'avais renfermé ces vers,
je les trouvai tous morts : ils n'avaient pu supporter le
jeûne de dix jours qui leur avait été imposé tout de
suite après leur mue.

Ces différentes expériences me paraissent prouver
d'une manière assez positive que, pourvu que le jeûne
qu'on fera subir aux vers à soie ne soit pas prolongé au
delà de cinq à six jours, en les tenant en même temps
à 9 ou 10 degrés au dessus de 0, ils n'en souffriront pas
sensiblement. Lorsqu'on pourra même les placer dans
une température encore plus basse, à celle, par exem-

ple, de 2 à 3 degrés au dessus de o , il sera possible de
les faire jeûner neuf à dix jours , sans pour cela en
perdre beaucoup. Dans la onzième expérience, rapportée ci-dessus, p. 38, on a même vu que des petits vers
qui venaient de naître avaient pu, étant placés dans
une glacière, supporter dix-huit jours et quinze heures
de jeûne sans en souffrir beaucoup. On peut aussi conclure de mes expériences que le temps le plus favorable
pour faire jeûner les vers à soie est le moment où ils
viennent de naître, et ensuite celui où ils vont faire leur
mue : ils supportent bien moins longtemps la privation
de nourriture, et même ils meurent plus ou moins
promptement, lorsqu'on la leur impose tout de suite,
après une de leurs mues (voyez la cinquième expérience , page 33, et la douzième , page 40), et il me
paraît facile d'en expliquer la cause. Dans l'état de nature , les œufs de vers à soie sont pondus par les papillons femelles de cette espèce sur l'écorce des mûriers ;
lorsque la petite larve en sort, comme elle est aveugle
il faut qu'elle cherche à l'aventure les feuilles qui
doivent la nourrir, lesquelles sont quelquefois assez
loin d'elle ; il faut donc qu'elle ait alors la faculté de
pouvoir vivre plus ou moins longtemps sans manger.

J'ai été curieux de savoir combien des larves de vers
à soie pourraient vivre de temps après leur naissance,
sans avoir eu de feuilles de mûrier à manger : je n'ai
rien trouvé de bien positif à cet égard , car il m'a paru
que la vitalité différait dans les différents vers à soie,
de même que dans tous les autres êtres animés qui
naissent avec plus ou moins d'énergie vitale ; cependant
voici ce que j'ai observé.

Dans une première expérience, sur trois vers à soie
éclos le 10 de mai 1837 , l'un mourut au bout de quarante-huit heures, le second ne mourut que le dixième
jour , le troisième survécut jusqu'au treizième jour. Ce
que j'ai remarqué de plus positif à cet égard , c'est que
la température plus ou moins élevée a de l'influence sur
la durée de la vie des vers que l'on prive de nourriture : plus la température est basse , plus ils peuvent
vivre de temps sans manger : ainsi ce fut sous une température moyenne de 11 à 12 degrés au dessus de o
que les deux vers de l'expérience ci-dessus purent vivre
dix à treize jours sans aucun aliment ; tandis que ,
dans une seconde expérience , à une température
moyenne de 15 à 16 degrés au dessus de o , et du
16 juin au 24 suivant, sur vingt-cinq vers nés le premier de ces jours , trois moururent le 21 juin , ou le
cinquième jour après être éclos , cinq le 22 , dix le 23,
et enfin les sept derniers le 24 juin ou le huitième jour.
Au reste, cela se trouve d'accord avec ce que l'on observe dans la vie ordinaire des vers à soie, que l'on
peut abréger considérablement en les exposant à une
température élevée, tandis qu'il est possible , au contraire , de prolonger leur existence non seulement de
plusieurs jours , mais même de plusieurs semaines , en
ne leur donnant que peu de chaleur ; et l'existence plus
longue ou plus courte de tous les êtres de la nature ne
tient-elle pas à des causes semblables? La durée de la vie
des hommes qui habitent sous l'équateur et entre les tro-
piques n'est-elle pas de beaucoup plus courte que celle
de ceux qui sont placés dans les contrées du nord ?

Quant à la faculté que le ver à soie paraît avoir de se

passer de nourriture plutôt avant les mues que lorsqu'il en sort, voici l'explication que je crois pouvoir en donner. La mue est un temps de maladie pendant lequel le ver à soie n'a pas besoin de nourriture ; un ou deux jours avant qu'il fasse une de ces mues, il mange déjà moins, et même il cesse naturellement de manger pendant vingt-quatre heures ou plus, lorsqu'il est arrivé au moment où il doit changer de peau : par conséquent, la privation d'aliments ne lui est pas nuisible à cette époque, et l'on pourrait même admettre, d'après la première expérience, sur les jeûnes qu'on peut faire subir à cet insecte (voy. page 27), que le jeûne lui est alors favorable ; mais lorsque cette crise est passée, le temps qui suit est celui de la convalescence, durant lequel le ver à soie ne peut plus vivre longtemps, s'il ne trouve pas à rétablir ses forces en prenant une nouvelle et abondante nourriture. Quoi qu'il en soit, je me propose de faire de nouvelles expériences à ce sujet, afin d'éclairer, le plus qu'il me sera possible, l'histoire de cet insecte aussi curieux qu'utile.

Dans l'état actuel des choses, non seulement les expériences que je viens de rapporter peuvent être présentées dès à présent, ce me semble, comme des preuves évidentes de la constitution robuste des vers à soie ; mais encore les conséquences qu'on peut en déduire me paraissent susceptibles de recevoir une application utile dans la pratique ordinaire des éducations. Aujourd'hui dans la manière habituelle de faire, lorsque des froids tardifs viennent détruire les bourgeons encore tendres du mûrier, les éducateurs se voyant tout à coup privés de nourriture pour leurs vers, et n'ayant aucune

ressource pour y subvenir, sont obligés d'abandonner
et de jeter leurs vers, et de renoncer à en élever cette
année-là, à moins qu'ils n'aient eu la précaution de
conserver de la graine sans la faire éclore, afin de
pouvoir remédier à cet accident. Pour peu, au contraire, qu'il leur reste de mûriers qui n'aient pas été
frappés par la gelée, je crois qu'il ne leur serait pas impossible, en réduisant leurs vers à un seul repas par
jour, et en les tenant en même temps à une basse température de 9 à 10 degrés, d'en conserver, sinon la
totalité, au moins la plus grande partie, ainsi que
je l'ai fait en 1830. (Voyez troisième expérience,
pag. 32.)

Mes expériences m'ont d'ailleurs prouvé que le jeûne
qu'il était possible de faire subir aux vers à soie pouvait être d'autant plus long qu'on les soumettait en même
temps à une température plus basse. En effet, on a vu plus
haut que, dans la sixième, huitième et neuvième expérience (p. 34, 35 et 36), ces insectes ont pu être exposés,
pendant cinq à douze jours, à une température de 6 à
7 deg. au dessus de o. Dans la septième et dans la dixième
(pag. 34 et 37), ils ont pu être placés à 3 degrés seulement pendant dix à onze jours, et enfin de petites
larves de vers à soie qui venaient de naître ont résisté,
dans la onzième expérience, à un séjour de dix-huit
jours et demi, dans une atmosphère qui n'était qu'à
glace fondante, et la plus grande partie de ces vers
soumis à ces rudes épreuves et à ces intempéries n'en
ont qu'assez peu souffert. Les vers de la cinquième et
de la douzième expérience (pag. 33 et 40) sont les seuls
qui n'ont pu résister à un jeûne de sept et de dix jours,

parce qu'ils venaient de faire une de leurs mues lorsque je les privai de nourriture.

Si donc il arrive que, par l'effet d'une gelée tardive, survenue au moment où les jeunes vers à soie viennent d'éclore, ou peu après, les feuilles de mûrier soient gelées et qu'on en manque pour leur donner de la nourriture, on pourra, je crois, conserver la plus grande partie de ses vers jusqu'à ce qu'il soit poussé de nouvelles feuilles, en soumettant les petites larves à la température la plus basse qu'il sera possible d'établir dans la chambre où elles seront placées, et le moyen d'établir cette basse température sera de se servir de l'appareil de ventilation de M. d'Arcet, en y disposant convenablement de la glace au lieu de feu. C'est un essai qui ne doit pas être difficile à faire, mais qui ne peut être tenté que dans les âges où les vers n'occupent encore que peu de place, comme, par exemple, pendant le premier et le second âge ; alors je conseillerais que l'appareil réfrigérant fût appliqué à un petit local, et je serais bien surpris s'il n'avait pas de succès dans le cas que j'indique.

TROISIÈME PARTIE.

*Le choix des feuilles de mûriers n'est pas aussi né-
cessaire pour la nourriture des vers à soie qu'on le
croit communément.*

Après avoir prouvé, par plusieurs expériences, que
les vers à soie peuvent supporter une basse température sans en souffrir, et être soumis à un jeûne de
plusieurs jours sans que cela leur soit notablement pré-
judiciable, je vais rapporter deux observations des-
quelles on peut aussi conclure que les larves de ces
insectes sont beaucoup moins délicates sur la nourriture
qu'on ne l'a cru jusqu'ici. C'est tout à fait au hasard
que je dois ces dernières observations, mais je les
crois assez intéressantes pour mériter d'être rapportées,
parce qu'on peut en déduire, ce me semble, quelques
conséquences utiles dans la pratique ordinaire des éducations.

Première observation. Le 9 août 1836, le thermomètre marquant 17 degrés R. au dessus de 0, dans la
chambre où j'avais placé mes papillons de vers à soie,
afin qu'ils y fissent leur ponte, au moment où j'allais
serrer environ une once de graine pondue alors depuis douze à quinze jours, j'aperçus sur un des
morceaux de toile, sur lequel cette graine avait été faite,
un certain nombre de petits vers éclos du jour ou de
la veille, et qui erraient çà et là. Toutes ces jeunes
larves me parurent être sorties des œufs pondus par
une femelle qui n'avait pas attaché les siens au mor-

ceau de linge sur lequel elle avait été placée, ce qui était une exception, puisque presque toutes les femelles attachent, au moyen d'une sorte de substance gommeuse, leurs œufs aux corps sur lesquels elles reposent. N'ayant pas alors de feuilles de mûrier à ma disposition, je repliai le linge, afin d'y renfermer les petits vers et les empêcher de s'égarer à droite et à gauche. Le lendemain, à dix heures du matin, je dépliai de nouveau le linge avec précaution, et j'y trouvai un nombre de vers vivants encore plus considérable que la veille, et tous me parurent également être sortis d'œufs qui n'étaient pas fixés au linge. Effectivement tous ces derniers étaient vides, tandis que tous ceux, en bien plus grand nombre, qui étaient attachés au linge avaient encore l'aspect et la couleur d'œufs qui devaient se conserver jusqu'à la saison suivante. Comme il devenait urgent de donner à manger à ces petits vers dont plusieurs pouvaient être éclos depuis deux jours, j'envoyai chercher, dans un jardin voisin de ma demeure, quelques feuilles de mûrier noir. Dans tous les temps, les feuilles de cette espèce sont plus grossières et plus dures que celles du mûrier blanc ordinaire; mais, à cette époque avancée de la saison, elles étaient si dures et si coriaces, que je crus que mes jeunes vers ne voudraient pas en manger. Cependant, en attendant que j'eusse des feuilles plus tendres et mieux appropriées à la délicatesse de mes petites larves, je coupai deux de ces feuilles en morceaux que je plaçai aux différentes places où les vers se trouvaient. Un quart d'heure s'était à peine écoulé, qu'il n'en restait pas un seul sur le linge : tous étaient montés sur les morceaux de feuilles que j'a-

vais placés à leur portée, et je pus, par ce moyen,
lever cinq cent quarante vers vivants, dont je formai
le projet de faire l'éducation complète, pour voir si ces
vers, nés douze à quinze jours après la ponte, pourraient
me fournir une race constante, semblable à celle de
Bertezen et de M. Moretti, ayant la faculté de donner,
chaque année, deux récoltes successives de cocons.

A deux heures et demie du même jour, n'ayant pas
encore de feuilles tendres de mûrier blanc, je donnai
à mes vers un second repas avec les feuilles dures du
mûrier noir, coupées de même en morceaux menus.
Le soir, à sept heures, ayant examiné avec attention
dans quel état se trouvaient mes jeunes vers et les
feuilles que je leur avais données, je trouvai que les
premiers avaient déjà assez mangé pour que les traces
de leur digestion se fissent reconnaître par des excréments infiniment menus; qu'ils avaient déjà rendus;
et les morceaux de feuilles étaient d'ailleurs, soit dans
leur disque, soit sur les bords, percés d'une multitude
de trous extrêmement petits, et que je ne pouvais bien
distinguer qu'à la loupe.

A compter de sept heures du soir, le 10 août, je
donnai à mes jeunes vers une nourriture plus appropriée à leur délicatesse; mais les deux repas de feuilles
dures et grossières qui leur furent donnés aussitôt après
leur naissance, dans le moment où l'on aurait pu
croire que la feuille la plus tendre leur était indispensable, ne paraissaient pas leur avoir été autrement préju-
diciables, puisqu'en les délitant et en les comptant de
nouveau, trois jours après, j'en trouvai encore cinq
cent vingt-huit vivants; douze seulement étaient morts.

Cette première observation me paraît démontrer suffisamment que, même au moment de leur naissance, les vers à soie peuvent impunément manger d'une feuille grossière, toute peu appropriée qu'elle puisse paraître à l'état de délicatesse dans lequel doivent être alors chez eux les organes de la digestion. L'observation suivante prouvera également que, dans la circonstance la plus importante de leur vie, le moment où ils vont faire leur cocon, le choix de la feuille n'est pas non plus pour eux une chose d'une indispensable nécessité.

Deuxième observation. Les mêmes vers dont je viens de parler étaient parvenus au trente-quatrième jour de leur existence, et plusieurs présentaient des signes de maturité. Sur cinq cent quarante que j'avais eus le premier jour de l'éducation, il m'en restait encore trois cent quatre-vingt-dix ; les cent cinquante autres étaient morts pendant les mues ou par divers accidents. A cette époque, qui correspondait au 13 septembre, j'étais depuis une douzaine de jours à la campagne, où j'avais emporté mes vers avec moi à vingt lieues de Paris, et où, quoique j'eusse une abondante quantité de mûriers, la grande sécheresse qui avait régné depuis trois mois, dans le canton où je me trouvais alors, avait déjà fait tomber les feuilles des dix-neuf vingtièmes de ces arbres, et le peu de feuilles que quelques uns des plus vigoureux avaient conservées étaient d'un vert jaunâtre, coriaces, à demi sèches et plus ou moins couvertes de taches de rouille. Au moment où je cueillais ces feuilles, l'ébranlement imprimé aux branches de l'arbre en faisait souvent tomber un quart ou même davantage, ainsi que cela aurait pu avoir lieu à la fin

4.

d'octobre. Lorsque ces feuilles étaient en tas et qu'on
les remuait, elles rendaient une sorte de bruissement
analogue à celui que rendent les feuilles sèches, après
leur chute spontanée à la fin de l'automne.

Malgré la mauvaise qualité de ces feuilles, le plus
grand nombre de mes vers les mangeaient avec assez
d'avidité chaque fois que je leur en donnais de nouvelles ; quelques uns seulement ne paraissaient les
attaquer qu'avec un peu de répugnance, et après les
avoir, pour ainsi dire, choisies. Pour faciliter à ces
vers plus délicats, et à tous en général, les moyens
de manger les mauvaises feuilles, qui étaient les seules
dont je pusse les nourrir, je les coupai en morceaux :
cela me réussit, et, quelques jours plus tard, la plus
grande partie de mes vers avaient fait leurs cocons,
après avoir vécu, les uns pendant quinze jours, les
autres, pendant vingt-deux, de cette feuille coriace
et demi-sèche. Je dois même dire que la quantité de
ma feuille disponible diminuant beaucoup vers le 15 de
septembre, et craignant de n'en pas avoir suffisamment
jusqu'à la fin de mon éducation, parce que les vers en
laissaient une grande partie et faisaient beaucoup de
litière, je fus forcé, vers la fin, de donner à mes vers
des feuilles que j'avais dédaignées dans les premiers
jours, les regardant comme trop mauvaises. Quoi qu'il
en soit, je récoltai trois cent trente-six cocons ; de
sorte que dans cette petite éducation, malgré toutes les
circonstances qui lui furent si contraires, comme des
feuilles dures et coriaces de mûrier noir données pour
aliment le premier jour, et des feuilles encore plus
mauvaises de mûrier ordinaire, dont mes vers furent

nourris pendant les vingt-cinq derniers jours de leur existence à l'état de larves, je suis cependant parvenu à les voir arriver au terme désiré sans en avoir perdu un trop grand nombre. Je dois encore ajouter, d'ailleurs, que depuis le 14 septembre, que le premier de mes vers commença son cocon , jusqu'au 23 , que le dernier se disposa à faire le sien , la température moyenne ne fut, dans la chambre où je faisais ma petite éducation, que de 13 à 14 degrés au dessus de o ; malgré cela, sur cinq cent quarante vers que j'avais eus dans les commencements , il m'en resta assez pour me faire trois cent trente-six cocons ; de sorte que je n'ai pas perdu tout à fait les deux cinquièmes , ce qui certainement est assez peu , si l'on veut faire attention aux difficultés de toute nature que j'avais rencontrées. Tous mes cocons avaient d'ailleurs, pour la forme et la consistance, toutes les apparences de ceux des meilleures éducations , et leur pesanteur spécifique n'a point démenti ce qu'ils paraissaient promettre, puisque mes trois cent trente-six cocons réunis pesaient , le jour où je les récoltai , 19 onces 5 gros 48 grains , c'est à dire qu'il en fallait à peu près deux cent soixante-seize pour une livre ordinaire. Cette proportion dans le poids de mes cocons leur permettait de soutenir la concurrence avec ceux des éducations qui ont été faites, en 1836, aux environs de Paris, lesquelles égalent elles-mêmes tout ce que le Midi a pu faire de mieux dans les circonstances les plus favorables où il se trouve naturellement placé. En effet , le jour où, en ma qualité de commissaire de la S ociété royale et centrale d'agriculture, j'ai visité la magnanerie de M. Camille Beauvais , aux

Bergeries de Senart, et celle de M. Henri Bourdon, à
Ris, la livre de cocons, que j'ai recueillie chez ces
deux habiles éducateurs, ne contenait que deux cent
cinquante-six cocons ; mais dans trois autres magnaneries . où les vers avaient été élevés avec les mêmes
soins, il a fallu, pour faire le poids d'une livre,
deux cent soixante-douze cocons dans l'une, deux cent
quatre-vingt-huit dans une autre , et jusqu'à trois cent
quatre dans la dernière.

Il résulte donc, des observations et de toutes les expériences que j'ai rapportées plus haut , que le ver à soie
est un animal rustique et d'une robuste constitution ,
qui , pouvant s'accommoder d'une basse comme d'une
haute température, paraît susceptible de vivre aussi
bien dans les pays chauds que dans les climats tempérés
et même un peu froids. J'ai prouvé aussi en dernier
lieu que cet insecte n'était pas plus délicat sous le rapport de la nourriture, et qu'il était possible d'en faire
une éducation avec les feuilles des mûriers cueillies
dans le moment où elles sont sur le point de tomber naturellement, et d'être perdues sans donner aucun
produit.

Je ne sais si je m'abuse, mais, par le grand intérêt
que je porte à la branche d'industrie agricole dont le
ver à soie est le principe , il me semble que la possibilité de faire une nouvelle récolte de cocons à l'automne
mériterait d'être examinée de nouveau. En attendant
que cela puisse avoir lieu , qu'il me soit permis d'é-
mettre ici , le premier, le désir que cette tentative soit
promptement exécutée en grand , et qu'elle puisse tourner au profit de notre agriculture et de notre industrie.

Pour faciliter autant que possible les moyens de faire cette éducation tardive avec les feuilles des mûriers au moment où elles seront sur le point de tomber spontanément des arbres, parce que ceux-ci manquent de sève, je rappellerai de nouveau les moyens que j'ai déjà indiqués plusieurs fois pour conserver les œufs de vers à soie beaucoup au delà du terme ordinaire auquel ils éclosent naturellement. Ces moyens consistent à mettre la quantité de graine qu'on veut conserver dans un bocal d'une dimension suffisante pour que cette graine ne manque pas d'air, à boucher ensuite le bocal hermétiquement avec un lut imperméable à l'humidité, et enfin à la placer dans une glacière. L'année dernière encore, j'ai pu, en employant ce moyen, retarder l'éclosion d'une certaine quantité d'œufs de vers à soie, pour les faire ensuite éclore à différentes époques de l'été et même de l'automne, depuis le 28 juin jusque passé le 20 septembre.

En supposant qu'on fît éclore sa graine à cette dernière époque, on aurait encore tout le temps nécessaire pour terminer son éducation avant les gelées, surtout si on avait soin de l'activer en donnant à la chambrée une chaleur plus considérable que celle à laquelle mes vers furent exposés en septembre 1836, puisqu'au moment de faire leurs cocons ils n'eurent que 13 à 14 degrés au dessus de o, ce qui fut cause qu'il leur fallut sept jours pour qu'ils fussent tous montés sur les cabanes, et que sur trois cent quatre-vingt-dix vers il y en eut soixante-six qui ne firent pas de cocons ou qui n'en produisirent que de très défectueux, que je n'ai pas comptés.

Les magnaniers du Midi sont dans la croyance que
les odeurs fétides sont nuisibles aux vers à soie, et
qu'au contraire celles des plantes aromatiques, telles
que le thym, la lavande, le romarin, etc., leur sont favorables. Les Chinois ont le même préjugé quant aux
mauvaises odeurs; car dans l'ouvrage sur les vers à
soie, traduit du chinois par M. Stanislas Julien, on
trouve ce qui suit : « La maison des vers à soie doit être
éloignée des fumiers et des immondices, et de tout ce
qui exhale une mauvaise odeur, comme les écuries,
les étables, etc. . . . Ils (les vers à soie) n'aiment pas
qu'on laisse entrer dans leur logement des personnes
qui ne seraient pas parfaitement propres ; par exemple, une personne qui serait accouchée depuis moins
de trente jours, ou qui aurait ses mois. »

Le docteur Parent-Duchâtelet, membre de la com-
mission sanitaire du département de la Seine, auquel
on doit de nombreuses recherches sur les influences que
les émanations provenant des matières animales en pu-
tréfaction et des fosses d'aisance peuvent avoir sur
la santé des hommes qui, par leur état, sont obligés
d'y être exposés, le docteur Parent-Duchâtelet, dis-je,
a fait quelques expériences pour s'assurer si les odeurs
fétides pouvaient avoir de l'influence sur les vers à soie,
et il a trouvé que les émanations les plus infectes,
celles, par exemple, provenant d'un tuyau de latrines,
n'avaient pas paru avoir la moindre influence sur ces
insectes. Il en a élevé un certain nombre dans cet endroit, en les plaçant dans une sorte de tamis qui en fer-
mait la lunette, et il ne s'est pas aperçu que, placés
dans une atmosphère chargée de gaz aussi fétides que

ceux qui pouvaient s'élever de cette partie, ils en aient éprouvé aucune influence fâcheuse dans les différentes phases de leur vie. Cela ne les a pas empêchés de faire des cocons bien conformés. Le docteur Parent se proposait de publier cette observation intéressante, et il l'eût probablement fait avec des détails qui lui auraient donné plus de prix ; mais surpris par la mort au milieu de sa carrière, il ne l'a pu. Comme il m'avait communiqué le fait de vive voix, je n'ai pas cru devoir le laisser enseveli dans l'oubli, parce que, quoique dénué des circonstances de détails qui l'eussent rendu plus intéressant, il m'a paru qu'il apportait de nouvelles preuves en faveur de mon opinion sur la forte et vigoureuse constitution du ver à soie.

En publiant ces observations, mon but n'a été que d'encourager les nouveaux producteurs de soie, qui, arrêtés par les anciens préjugés, pourraient encore craindre de se livrer, dans le Nord, à une culture qui peut devenir tout aussi productive pour cette dernière partie de la France qu'elle l'a été jusqu'à présent pour le Midi. J'espère, d'ailleurs, que l'on comprendra, sans que j'aie besoin de le dire, que je ne donne pas mes petites éducations, faites à la température ambiante, comme des modèles à suivre ; je ne les présente que comme des preuves de la constitution robuste du ver à soie, et mon intention est qu'on puisse en conclure combien doivent être plus avantageux les produits à retirer des éducations faites avec les moyens et les perfectionnements qu'on doit aux éducateurs modernes, et principalement à MM. d'Arcet et Camille Beauvais, puisque celles que j'ai entreprises, avec tant d'obsta-

cles à vaincre, n'ont pas eu cependant une issue défa-
vorable, et que j'ai obtenu des résultats peu différents
de ceux que peuvent produire les meilleures éducations.

Les observations qui vont suivre n'offriront pas , je
l'espère, moins d'intérêt que celles qui précèdent ; et,
comme elles peuvent servir à éclairer l'histoire physio-
logique du ver à soie, qui, jusqu'à ce jour, est restée
très imparfaite, je crois devoir les présenter dès à
présent, quoique le temps ne m'ait pas encore permis
de les rendre aussi complètes que je l'aurais désiré.

QUATRIÈME PARTIE.

1° Nombre de jours qu'il faut au ver à soie pour opérer sa sortie hors de son cocon à l'état de papillon , et à quelles heures de la journée a lieu cette sortie. — 2° Proportions dans le nombre des papillons mâles et femelles. — 3° Durée de la vie des papillons. — 4° Nombre d'accouplements que peuvent accomplir les mâles. — 5° Temps que les papillons femelles mettent à pondre. — 6° Nombre d'œufs que pondent les femelles. — 7° Poids des œufs pondus par les femelles.

§ Ier. *Nombre de jours qu'il faut au ver à soie pour opérer sa sortie hors de son cocon à l'état de papillon, et à quelles heures de la journée a lieu cette sortie.*

J'ai dit plus haut, et j'ai prouvé par des expériences positives, que jamais les vers à soie, dans l'état de nature, ne naissaient *tous ensemble*, mais qu'ils ne sortaient de l'œuf que successivement en plusieurs jours, et qu'il en fallait ordinairement dix à onze aux œufs d'une seule femelle, pour que leur éclosion entière fût terminée. J'ai même vu, en, 1823, l'éclosion d'une once d'œufs, que j'avais abandonnée à la nature, durer soixante-quinze jours. Tout ce qu'on a pu faire de mieux jusqu'à présent, avec des étuves ou des boîtes d'incubation dans lesquelles on peut entretenir un degré de chaleur élevé à 22 ou 24 degrés au dessus de 0 , a été de faire éclore les œufs de vers à soie en deux jours, et encore dans ces deux jours ne sont pas compris un premier jour pendant lequel les vers n'éclosent qu'en petit nombre , et un quatrième, ou même un cinquième,

où le plus grand nombre des vers étant nés pendant
les deux jours précités , on néglige tout ce qni vient
après, parce que les derniers vers , trop peu nombreux,
ne méritent pas la peine d'être recueillis ; mais ces retardataires , de même que les premiers nés, suffisent
pour prouver qu'on n'a pu modifier qu'én partie l'intention de la nature.

On lit, page 108 du *Résumé des principaux Traités
chinois sur l'éducation des vers à soie* , traduit par
M. Julien : « Pour faire éclore les vers à soie, il faut
connaître exactement le degré de chaleur ou de froid
qui leur convient, et la manière de hâter ou de retarder leur éclosion ; de sorte qu'il n'y en ait pas *un
seul qui naisse avant ou après les autres.*

» Voici le procédé qu'il faut suivre. Quand les œufs
ont tous pris une couleur cendrée , on réunit deux à
deux les feuilles couvertes de graine , et on les étend
sur une claie parfaitement propre ; ensuite on les roule
d'une manière serrée, on les lie des deux bouts avec une
ficelle (de coton ou d'écorce de mûrier) , et on place
les rouleaux debout dans une chambre propre , fraîche
et où il n'y a point de fumée.

» Le soir du troisième jour, on retire les rouleaux ;
on les déploie et on les étend sur des claies. C'est une
chose très heureuse , si aucun ver n'est éclos ; mais si,
par hasard, il y en a quelques uns qui soient éclos
avant les autres, on les enlève et on les jette. Ensuite
on prend les feuilles trois à trois , on les roule ensemble
d'une manière lâche , et on les dépose dans la chambre
nouvellement chauffée pour les vers à soie. On observe
avec attention le moment du lever du soleil ; alors on

déroule les feuilles , et on les étend une à une sur des claies au milieu de la cour. S'il y a de la rosée, on placera les claies dans une chambre fraîche ou sous une espèce de tente : quelque temps après, on transportera les feuilles dans la chambre préparée pour les vers à soie , et on les étendra une à une sur des claies placées à terre. Au bout de quelques instants, les vers naîtront *tous ensemble* , sous forme de petites fourmis noires ; il n'y en aura *pas un seul qui naisse avant ou après les autres.* »

Le procédé indiqué par le livre chinois pour obtenir une éclosion spontanée m'a paru ne pouvoir pas supporter un examen sérieux : il se compose de pratiques minutieuses, puériles ou superstitieuses, et de moyens qui , bien certainement, doivent s'opposer à ce que les vers naissent *tous ensemble*. Il laisse d'ailleurs beaucoup à désirer sous le rapport d'une explication bien claire et de la fixation du nombre de jours nécessaires ; mais ce n'est pas la faute du traducteur, dont les profondes connaissances dans la langue chinoise ne peuvent être révoquées en doute, et qui, pour nous faire connaître le livre sur les mûriers et les vers à soie, d'après les méthodes des Chinois, a dû rencontrer de très grandes difficultés. Nous devons le féliciter de ce qu'il n'a pas été dégoûté par l'aridité que le sujet devait présenter à un littérateur, et de ce qu'il a eu le courage de se livrer à un travail d'autant plus pénible que cette matière était tout à fait étrangère à ses études.

Je ne conseille donc à personne d'essayer des moyens indiqués par les Chinois pour faire naître les vers *tous ensemble*, car je crois qu'on n'y réussirait pas, et je

suis persuadé qu'avec nos étuves , nos couveuses , dont
nous pouvons élever la chaleur avec toute la régularité
possible par le moyen du thermomètre, que les Chinois
ne connaissent pas, nous sommes bien plus avancés
que ce peuple pour approcher d'une éclosion simultanée ; mais vouloir chercher à faire naître les vers *tous
ensemble* , c'est à dire dans le même moment et de manière qu'il n'y en pas *un seul qui naisse avant ou après
les autres* , c'est, à mon sens, la pierre philosophale.

Ce qui m'a fait revenir sur ce que j'ai dit au commencement de ce mémoire , au sujet de l'éclosion des
œufs de vers à soie, c'est que , d'après plusieurs observations que j'ai faites sur les heures auxquelles les
papillons sortent de leurs cocons, et sur le temps qui
s'écoule entre le moment où les vers ont commencé
leurs cocons et celui où ils les percent après s'être trans-
formés en papillons, j'ai trouvé que cette dernière phase
de leur vie n'arrivait pas pour eux d'une manière plus
régulière que la première , et je vais en donner la
preuve. Ayant conservé , à la fin de juin et au commencement de juillet 1837 , cinq cent dix-huit cocons,
dont j'avais eu la précaution de séparer exactement les
vers , jour par jour et au fur à mesure qu'ils annonçaient vouloir se mettre à faire leur soie , voici les résultats que j'ai obtenus :

28 papillons sont sortis de leur cocon 19 jours après
      l'avoir commencé ;

95 20

173 21

  ———————

296

296 *de l'autre part.*

115 . . . . 22 jours après.
44 23
3o 24
22 25
5 26
6 27
___
518

C'est sous l'influence d'une température de 18 à 20 degrés au dessus de o, pendant le séjour des chrysalides dans leurs cocons, que les papillons en sont sortis, après le nombre de jours que je viens de dire. Si le degré de chaleur eût été plus élevé, les chrysalides se seraient changées plus tôt en papillon. J'ai vu s'opérer cette métamorphose seize à dix-sept jours après que les vers avaient commencé leurs cocons, lorsque, depuis cette époque, le thermomètre s'était maintenu plus ou moins constamment entre 20 et 22 degrés. Ces mêmes chrysalides n'auraient, au contraire, opéré leur métamorphose que plusieurs jours plus tard, si le degré de chaleur eût été sensiblement plus faible. C'est ce que j'ai vu arriver lors de la petite éducation tardive que je n'ai terminée, en 1836, qu'après la mi-septembre, et que j'ai citée plus haut (voy. pag. 49 à 52). Plusieurs des papillons provenant de cette éducation ne sont sortis de leurs cocons que plus de quarante jours après le moment où ils les avaient commencés, et ceux qui sont sortis les premiers n'ont pas mis moins de trente-un jours. La température moyenne n'avait été dans la

chambre où les chrysalides étaient dans leurs cocons que
de 13 à 14 degrés pendant la fin de septembre et une
grande partie du mois d'octobre, et même elle fut encore
moindre, ou de 10 à 12 degrés seulement durant les
derniers jours de ce mois.

Je crois d'ailleurs qu'au moyen d'une froide température factice, celle d'une glacière par exemple, il serait possible d'éloigner beaucoup plus encore le moment
où les papillons doivent sortir de leur cocon après
leur dernière métamorphose. Ainsi, en juillet 1837,
une vingtaine de cocons ayant été placés dans une glacière, pendant douze jours, les papillons en ont été re-
tardés, de manière qu'ils ne sont sortis à la lumière que
du trente-deuxième au trente-sixième jour.

En juillet 1838 j'ai répété la même expérience, en
laissant les cocons vingt jours dans la glacière, et la
vie ayant, pour ainsi dire, été suspendue dans les
chrysalides pendant tout ce temps, les papillons ne sont
sortis des cocons que du quarante-deuxième au qua-
rante-septième jour. Il est probable que, par un plus
long séjour dans la glacière, j'aurais retardé encore davantage la sortie de ces papillons.

Cette vie nouvelle des papillons dépendant du degré
plus ou moins élevé de température dans laquelle la
chrysalide est tenue, et les différents vers paraissant
doués de facultés qui ne sont pas les mêmes pour se
métamorphoser, je ne crois pas qu'il soit possible de
fixer rigoureusement l'époque de la sortie des papillons hors de leur cocon. On ne pourra jamais la déterminer qu'approximativement. Les Chinois, qui l'ont

fixée à dix jours après que les vers ont passé à l'état de chrysalide , me paraissent être loin de la vérité (1).

M. C. Beauvais fait maintenant ses éducations en vingt-quatre jours ; il en a même terminé en vingt-un, et probablement il serait possible, par un certain degré de chaleur soutenue, de voir sortir les papillons de ces vers au bout de quinze jours ; de sorte qu'en trente-six ou trente-huit jours, au plus , toutes les phases de vie de ces insectes pourraient être accomplies. J'ai vu, au contraire, des vers à soie prolonger leur existence jusqu'à soixante jours avant de faire leur cocon, et nous venons de voir que, dans une autre circonstance, il leur a fallu plus de quarante jours avant de se méta-morphoser en papillon ; ce qui prouve que la vie en-tière de ces insectes pourrait, dans certains cas, durer plus de cent jours , ce qui fait une différence de plus de soixante jours entre l'existence des uns et des autres, et encore en ne comptant pas ce qu'ils peuvent vivre de temps dans leur dernier état , celui de papillon. On est donc maître d'accélérer ou de ralentir à vo-lonté toutes les phases de la vie des vers à soie, mais il n'y a point de doute que , pour les éducations ordi-naires où l'on cherche le meilleur produit possible , il ne soit avantageux d'en accélérer les différentes périodes, pourvu cependant que ce soit dans certaines bornes.

Quant à ce qu'il faut à certains papillons provenant de vers de la même éducation huit jours de plus qu'à d'autres pour accomplir leur métamorphose en papil-lon , quoiqu'ils se trouvent dans les mêmes circons-

____

(1) «Toute chrysalide se change en papillon au bout de dix jours. » *Résumé* déjà cité, p. 169.

tances, cela ne peut s'expliquer que parce que, comme
je l'ai dit plus haut, la nature n'a pas voulu qu'il y eût
entre les vers à soie une égalité plus parfaite qu'il n'y
en a entre les autres êtres de la création. Il résulte de
là que j'ai vu certains papillons, dont les vers avaient
fait leurs cocons plus tard, devancer cependant dans
leur métamorphose ceux qui les avaient commencés
plus tôt, et cette différence être de cinq à six jours.

Dans le livre qui nous donne le résumé des connaissances des Chinois sur les vers à soie, je n'ai rien trouvé
sur l'heure à laquelle les papillons sortent de leurs cocons, et dans les auteurs qui nous ont donné des traités sur ces insectes, n'ayant rien vu non plus de bien
positif à cet égard, j'ai cru devoir me livrer, sur ce
sujet, à une suite de recherches, dont je vais rapporter sommairement les résultats. J'en avais dressé des
tableaux, jour par jour et heure par heure, mais il suf-
fira que j'en donne ici l'extrait.

N° 1. En juillet 1835, il est sorti des cocons que
j'avais gardés pour avoir de la graine cent quarante-
six papillons, dans l'ordre suivant :

Avant cinq heures du matin ou de cette
    heure à sept. 73
De sept heures du matin à neuf. 36
De neuf à onze. 26
De onze heures du matin à une heure
    après midi. 7
D'une heure après midi à deux heures. . 4
Dans le reste de la journée. 0
                    Nombre égal... 146

N° 2. En juillet 1836 et du 13 au 21, deux cent quinze papillons sont sortis de leurs cocons dans l'ordre suivant :

Avant cinq heures du matin. 56
De cinq heures du matin à sept. . . 126
De sept heures du matin à neuf. . . 27
De neuf heures du matin à onze. . . 4
De onze heures du matin à une heure
après midi. 2
Dans le reste de la journée. . . . o

Nombre égal. . 215

Dans ces deux observations il y a quelques cocons, deux à trois sur cent, dont j'ai négligé d'inscrire au juste le nombre, et dont il n'est pas sorti de papillons. Les chrysalides y sont mortes sans se métamorphoser.

La température plus ou moins élevée influe beaucoup sur la sortie accélérée ou retardée des papillons. Nous avons vu précédemment que, sous l'influence d'une chaleur de 18 à 20 degrés au dessus de o, il avait fallu aux vers, à compter du moment où ils s'étaient enveloppés dans leur cocon, dix-neuf à vingt-sept jours pour se changer en chrysalide et enfin se métamorphoser en papillon. Dans les derniers dix-huit jours d'octobre 1836, les vers de l'éducation tardive, dont j'ai parlé plus haut (voy. pag. 49 et suiv.) ont eu besoin de trente-un à quarante-deux jours pour opérer leur métamorphose. Les vers, à 13 et 14 degrés, avaient mis huit jours à faire leurs cocons ; mais le thermomètre n'étant plus qu'entre 12 ou 13 lorsqu'ils ont commencé à en sortir à l'état de papillon, il a fallu treize jours à ceux

qui avaient filé les derniers pour qu'ils en fussent dehors , c'est à dire cinq jours de plus qu'ils n'en avaient
mis à faire leur soie. Voici d'ailleurs à quelle heure
les papillons ont percé leurs cocons :

N° 3. Avant six heures du matin. . . 29
 De six heures du matin à huit heures. 6o
 De huit heures du matin à dix. . . 33
 De dix heures du matin à midi. . . 9
 De midi à deux heures. 4
 De deux heures après midi à la fin de
  la journée. . . . . o

    Total des papillons. . 135

A la fin d'octobre et dans les premiers jours de novembre de cette même année, six cocons faits par autant de vers retardataires ont donné des papillons,
quoique le thermomètre ne fût plus alors qu'à 9 degrés
au dessus de o. Ainsi il ne faut pas au papillon plus de
chaleur pour opérer sa métamorphose que le ver à soie
lui-même n'en a besoin pour éclore.

La sortie des papillons pouvant être influencée par
des circonstances atmosphériques qui n'ont pas encore
été appréciées , j'ai cru devoir multiplier mes observations sur ce sujet avant d'en déduire quelques conséquences. Je vais donc continuer à rapporter sommairement les autres observations que j'ai recueillies sur les
heures de la journée où les papillons des vers à soie
percent leurs cocons pour venir à la lumière.

N° 4. Sortie des papillons, en juillet 1837, à la température de 16 à 18 degrés :

Avant cinq heures du matin sont sortis
   de leurs cocons. 52

De cinq heures du matin à sept. . . . 135

De sept heures du matin à neuf. . . 2

De neuf heures à onze. 0

Le reste de la journée. 0

                     Total. . . 189

N° 5. Sortie des papillons, en août 1837, à la température de 19 à 21 degrés :

Sont sortis de leurs cocons avant cinq
   heures du matin. 124

De cinq heures à six heures. . . . 257

De six heures à sept. 29

De sept heures à huit heures. . . . 2

De huit heures à neuf. 1

Le reste de la journée. 0

                     Total. . 413

N° 6. Sortie des papillons, en juillet 1838, à la température de 15 à 17 degrés :

Papillons sortis de leurs cocons avant
   cinq heures du matin. 68

De cinq heures du matin à sept. . . 82

De sept heures du matin à neuf. . . 23

De neuf heures du matin à onze. . . 10

De onze heures du matin à une heure
   après midi. 10

D'une heure après midi à trois. . . 2

Pendant le reste de la journée. . . . 0

                     Total. . 195

N° 7. Sortie des papillons, en septembre 1838, à la température de 13 à 14 degrés :

Papillons sortis avant six heures du matin. 44
De six heures du matin à huit heures . 68
De huit heures à dix heures. 68
De dix heures à midi 11
De midi à deux heures après. . . . 8
De deux heures à quatre. 6
De quatre heures à six. 2

Total. . 207

En récapitulant les tableaux, n°s 1, 2, 4, 5 et 6, on voit que sur onze cent trente-huit papillons sortis de leurs cocons en juillet et août, mille deux les ont percés avant cinq heures du matin, ou jusqu'à sept heures, et que cent trente-six seulement sont venus au jour dans le reste de la journée, jusqu'à deux ou trois heures de l'après-midi. Cela me paraît prouver, ce me semble, que l'influence qui fait éclore le petit ver à soie pendant les premières heures de la journée agit aussi sur cet insecte au moment où il opère sa dernière métamorphose puisque, le papillon, en prenant une nouvelle vie, y entre aussi peu avant ou peu après le lever du soleil. Ce phénomène, ainsi que je l'ai déjà dit, est-il donc lié au réveil général de la nature, et se passe-t-il quelque chose d'analogue chez les autres insectes ou même chez les autres êtres animés?

Les tableaux n°s 3 et 7, où la sortie des papillons s'est opérée en septembre et octobre et sous une plus basse température, présentent quelques différences;

mais c'est toujours de bonne heure dans la matinée que la plus grande partie des papillons ont percé leurs cocons. Au reste, parmi ceux dont j'ai trouvé les papillons sortis avant cinq heures du matin, il y en avait à peine un dixième dont la sortie datât de plus d'une heure ou deux. Ces derniers se reconnaissaient facilement à ce que les bords du trou, par lequel le papillon s'était fait jour, étaient plus ou moins secs, tandis que dans le très grand nombre on reconnaissait sa sortie récente par l'humidité dont ces bords étaient mouillés.

§ II. *Proportions dans le nombre des papillons mâles et femelles.*

Ce qu'on a dit jusqu'à présent sur les proportions dans lesquelles naissent les mâles et les femelles parmi les papillons des vers à soie est assez incertain, parce que je ne sache pas qu'on ait jamais élevé un nombre quelconque de ces insectes, dans l'intention de se rendre compte du nombre de mâles ou de femelles qui pourraient en provenir ; c'est ce que j'ai fait, et voici les résultats que j'ai obtenus.

En 1836, sur 854 papillons,
J'ai eu 414 mâles,
Et 440 femelles.

En 1837, sur 602 papillons,
J'ai eu 296 mâles,
Et 306 femelles.

Enfin, en 1838, sur 378 papillons,
J'ai eu 157 mâles,
Et 221 femelles.

On voit par là que la proportion dans le nombre des femelles a toujours été plus grande. En 1837, la différence n'a été que peu considérable ; mais, en 1836, elle a été plus forte ; et enfin, en 1838, elle a été de plus d'un quart.

Les proportions dans l'apparition des mâles et des femelles varient d'ailleurs d'un jour à l'autre, et de telle façon que, quoiqu'on vienne de voir que les mâles, dans toutes mes observations, aient toujours été moins nombreux que les femelles, j'ai vu cependant, à certains jours, sortir de mes cocons trois à quatre fois plus de papillons mâles que de femelles ; mais un ou deux jours plus tard c'était tout le contraire, et il paraissait quatre à cinq fois plus de femelles que de mâles.

§ III. *Durée de la vie des papillons de vers à soie.*

Dans la pratique ordinaire des éducations, on ne conserve jamais les papillons, soit mâles, soit femelles, jusqu'à la fin de l'existence qui leur a été donnée par la nature. Lorsque les premiers ont fécondé les femelles, et que ces dernières ont terminé leur ponte, on jette les uns et les autres.

Les papillons, quels qu'ils soient, ne prennent aucune nourriture dans leur état de domesticité, et ne paraissent pas destinés à en prendre dans l'état sauvage, les organes de la digestion étant oblitérés chez eux, et les femelles étant d'ailleurs trop lourdes et n'ayant pas d'ailes assez fortes et assez développées pour leur permettre de voler. Les mâles, tels que nous les voyons, ont perdu, par une longue domesticité, la faculté de voler ; mais, même dans l'état de nature, ils ne peuvent guére, à cause de la brièveté de leurs ailes, que voltiger et non voler au loin ; il leur suffit de pouvoir s'approcher de leurs femelles, de s'accoupler avec elles, et de remplir ainsi le vœu de la nature pour la propagation des espéces.

Les papillons de vers à soie ne prenant donc aucune nourriture dans leur dernier état, et n'ayant pu en prendre non plus quand ils étaient renfermés dans leurs cocons à l'état de chrysalides, ils ne peuvent vivre longtemps ; mais comme jusqu'ici on n'a dit qu'assez vaguement quelle était la durée de leur existence après leur dernière métamorphose, j'ai fait, à ce sujet, quelques observations pour éclaicir ce point.

Quoique les Chinois élèvent des vers à soie depuis plus de 4000 ans, il paraît qu'ils ne se sont jamais occupés de rechercher ce que ces insectes pouvaient vivre de temps à l'état de papillons ; car on trouve, page 169 du livre, qui est le résumé de ce qu'ils savent sur les vers à soie , ou au moins de ce que M. Julien a pu recueillir sur leurs connaissances à cet égard : « Le papillon mâle, après avoir été uni un jour et demi à sa femelle, la quitte : dès qu'il l'a quittée, il se dessèche et meurt. » Nous verrons plus bas que les papillons de vers à soie vivent beaucoup plus que cela, mais, comme dans tous les êtres animés, l'existence des uns est plus longue, celle des autres est plus courte , et la différence entre le plus et le moins est quelquefois considérable. Les uns meurent au bout de quelques jours et , pour ainsi dire, tout de suite, tandis que les autres prolongent leur existence deux à trois fois plus , et paraissent avoir peine à s'éteindre. On trouve mort le lendemain un papillon qui était très vif la veille ; tandis qu'un autre, qui paraissait à peine pouvoir se mouvoir, donne encore des signes de vie pendant vingt-quatre et quarante-huit heures.

Première observation. Le 20 du mois d'août 1836, je pris trente-trois papillons de vers à soie qui venaient de sortir de leur cocon entre cinq ou six heures du matin, et je les enfermai dans une boîte suffisamment grande sans leur donner de femelles. Tous les jours je visitais ces papillons le matin et le soir, pour voir dans quel état ils étaient, et voici quel a été le résultat de mes observations.

2 de ces papillons vierges sont morts	le sixième jour,
1	le septième,
2	le huitième,
1	le neuvième,
4	le dixième,
5	le onzième,
5	le douzième,
3	le treizième,
1	le quatorzième,
1	le quinzième,
2	le seizième,
1	le dix-septième,
3	le dix-huitième,
2	le vingt-troisième.
33	

D'après ce tableau, la durée de la vie moyenne de ces papillons mâles de vers à soie a été de douze à treize jours, ou plus exactement de douze jours deux tiers. Mais ces premiers papillons sont restés vierges, et l'on pourrait croire que la continence à laquelle ils ont été forcés a dû avoir de l'influence sur leur existence et la prolonger; cependant il n'en est rien, et la continence chez ces insectes ne paraît avoir contribué en rien à prolonger leur vie, puisque, comme on va le voir, d'autres papillons qu'on a forcés à des copulations beaucoup plus fréquentes qu'il n'est d'ordinaire ont vécu, au contraire, plus longtemps.

Deuxième observation. Le 19 août 1836, j'ai pris cinq papillons mâles; en deux jours je les ai accouplés six fois avec de nouvelles femelles, et chacun d'eux est resté uni à ces femelles, dans ces six accouplements, durant sept heures à sept heures et demie, quelquefois même pendant huit heures entières; car tous ces mâles se sont unis chaque fois à la nouvelle femelle presque aussitôt que je les avais séparés d'une autre. Le résultat de cette expérience a été qu'après avoir suffi à six accouplements et être ensuite restés renfermés dans une boîte, 1 d'eux est mort le douzième jour, après le 19 août.

1 . . . . . le quinzième,
1 . . . . . le dix-septième,
1 . . . . . le vingtième,
1 . . . . . le vingt-deuxième.

D'après cela, la vie moyenne de ces cinq papillons, malgré les six accouplements qu'ils avaient accomplis, a été de dix-sept jours un cinquième.

Si ce résultat était le même pour un plus grand nombre de papillons, il prouverait que ceux de ces

insectes qui se sont employés à multiplier leur espèce
en remplissant le vœu de la nature ont plutôt prolongé qu'abrégé leur existence.

Dans une troisième observation , j'ai forcé encore
davantage les moyens des papillons pour la propagation
de leur espèce , et cela ne paraît pas avoir eu une
influence plus fâcheuse sur la durée de leur vie, puisque
de quatre papillons qui étaient venus au jour le 20 août
et qui avaient suffi à douze accouplements , dont la
durée n'a pas été moindre que dans l'expérience précédente.

1 est mort . le douzième jour ,

1 . . . . . le treizième ,

1 . . . . . le quatorzième ,

1 . . . . . le quinzième.

Ce qui donne, pour la vie moyenne de ces quatre
papillons , treize jours et demi , ou trois jours sept
dixièmes de moins que pour ceux qui ne se sont accouplés que six fois, mais près d'un jour de plus que pour
ceux qui sont restés vierges. En définitive , c'est chez
ces derniers que l'existence a été la plus courte.

J'ai voulu comparer la durée de la vie des femelles à
celle des mâles , et voici les résultats que j'ai obtenus.

Sur quarante femelles sorties de leur cocon entre
cinq et six heures du matin, le 20 août 1836,

Le quatrième jour après il en mourut 2

Le cinquième 4

Le sixième 1

Le septième 1
                             ‾‾‾
                              8

De l'autre part.	8
Le huitième	3
Le neuvième.	3
Le dixième.	1
Le onzième.	2
Le treizième	5
Le quatorzième.	6
Le quinzième.	4
Le seizième.	2
Le dix-septième.	3
Le dix-huitième.	1
Le vingtième.	2
	40

En prenant le terme moyen de l'existence de ces quarante papillons femelles, on voit que la durée de leur vie n'a pas été tout à fait de douze jours, mais seulement de onze jours trente-quatre quarantièmes.

Vingt-neuf autres papillons femelles sortis de leurs cocons le jour suivant, ou le 21 août, et également de très bonne heure dans la matinée, ont vécu dans la proportion suivante :

1 est mort. . .	le cinquième jour ,
3 sont morts. .	le sixième ,
3	le septième ,
1	le huitième ,
1	le neuvième ,
3	le dixième ,
2	le onzième ,
4	le douzième ,
18	

18 *de l'autre part.*

5	le treizième,
2	le quatorzième,
1	le quinzième,
1	le seizième,
1	le dix-septième,
1	le vingtième.

___

29

Ces vingt-neuf femelles, ainsi que les quarante premières, avaient toutes été accouplées à des mâles pendant sept à huit heures, et avaient fait leur ponte en
deux à trois jours au plus. D'après le dernier tableau,
la durée de la vie des vingt-neuf derniers papillons femelles a été encore plus courte, puisqu'elle n'a été
que de onze jours trois vingt-neuvièmes. Ainsi, en
comparant la longueur de la vie des mâles avec celle des
femelles, on trouve que l'avantage est pour les premiers,
ce qui peut faire croire que la ponte fatigue plus les femelles, quoiqu'elle dure moins longtemps que l'acte de
la fécondation, que les mâles accomplissent dans des
accouplements multipliés, tels que ceux auxquels mes
papillons mâles se sont livrés.

§ IV. *Nombre d'accouplements que peuvent accomplir
les papillons mâles.*

Ayant observé, il y a déjà plusieurs années, que le
papillon mâle du ver à soie pouvait s'accoupler avec
plusieurs femelles l'une après l'autre, mais n'ayant pas
encore vérifié si les œufs pondus par les femelles après
un certain nombre d'accouplements étaient féconds, j'ai

conservé, en 1837, des œufs qui provenaient de deux femelles fécondées par des mâles qui ne s'étaient joints à elles qu'après avoir été déjà accouplés sept fois auparavant avec d'autres femelles, et dont la copulation avait duré chaque fois sept à huit heures. Vers la fin de mai 1838, il est sorti de ces œufs de petits vers à soie dans la même proportion que si les œufs eussent été faits par des femelles qui eussent reçu des mâles à leur premier accouplement. Curieux de voir si ces vers présenteraient quelques différences dans le cours de leur vie, j'en ai recueilli, afin d'en faire une petite éducation, trois cent vingt-quatre qui m'étaient nés le 24 et le 25 mai. Cette éducation, commencée le 25 de ce mois, a duré jusqu'au 6 juillet, ou quarante-deux jours, et, le cinquantième, j'ai récolté deux cent soixante-trois cocons, dont la pesanteur était telle qu'il en fallait deux cent cinquante-deux pour peser une livre.

Cette observation prouve que des papillons mâles de vers à soie peuvent non seulement s'accoupler avec plusieurs femelles, mais encore les féconder, puisque les œufs provenant d'un huitième accouplement ont donné des vers, qui n'ont différé en rien de ceux qui étaient dus à un premier.

Ces vers ont été tout aussi bien portants durant toutes les phases de leur vie que d'autres, puisque pendant toute l'éducation je n'en ai perdu qu'un cinquième. Ces vers m'ont, d'ailleurs, servi à vérifier un fait que j'avais déjà reconnu précédemment, c'est que les vers qui montent le premier jour pour faire leurs cocons en font de plus légers que ceux qui ne les commencent que le jour d'après ; et les cocons de ce second jour sont plus pesants que ceux du troisième. La différence a même été encore plus grande que lorsque j'avais observé ce fait la première fois (voy. pag. 38). Voici dans quelle proportion a été cette différence : soixante cocons des vers qui avaient quitté la litière les premiers ont pesé un vingtième de moins que le même nombre pris parmi ceux qui ne s'étaient mis à leur cocon que le second jour. Enfin soixante cocons du troisième jour ont pesé un peu plus que ceux du premier jour, mais moins que ceux du second ; ainsi ce seraient les cocons du milieu de la montée des vers qui seraient les plus pesants. A quoi peut tenir que les cocons faits les premiers soient plus légers que ceux du second et du troisième jour ? J'ai pensé que cela pourrait dépendre de ce que, le premier jour, il montait plus de vers destinés à devenir des papillons mâles, dont les cocons sont toujours plus légers que ceux des femelles. Mais cette idée m'est venue trop tard pour qu'il me fût possible de la vérifier : cette question n'a pas d'ailleurs beaucoup d'intérêt ; elle n'est que de pure curiosité, et mes premières observations sur ce sujet auraient besoin d'être confirmées par un plus grand nombre d'autres.

Nous venons de voir un peu plus haut que les œufs provenant d'un huitième accouplement ont produit des vers bien conformés, et qui, dans toutes les phases de leur vie, se sont comportés comme les autres vers qui doivent l'existence à un premier accouplement. Le temps et les circonstances ne m'ont point permis de multiplier davantage mes expériences sur les vers provenus d'œufs

qui auraient été fécondés après un plus grand nombre
d'accouplements ; je trouve seulement consignés dans
mes notes quelques faits qui sont à l'appui de l'opinion
que j'ai que la puissance prolifique des papillons mâles
est dix fois plus forte qu'on ne l'a cru jusqu'ici, puisque communément on ne les emploie qu'à féconder une
seule femelle. Voici quelques uns de ces faits, parmi
lesquels je choisis les plus remarquables.

1°. J'ai vu éclore dans la proportion ordinaire les œufs
de deux femelles fécondées par un douzième accouplement, ou autrement par des mâles qui s'étaient déjà
unis à onze autres femelles, et dont la copulation avait
duré chaque fois sept à huit heures.

2°. Un mâle, qui avait déjà fécondé quinze femelles,
à trois par jour, et dont chaque accouplement avait
duré sept à huit heures, s'est uni une seizième fois,
pendant dix heures et demie, à une nouvelle femelle,
et les œufs pondus par celle-ci avaient tous, ou presque
tous, l'apparence d'œufs féconds.

3°. Le même mâle, après son seizième accouplement,
s'est uni, pour la dix-septième fois, avec une nouvelle
femelle, et ne s'en est séparé qu'au bout de onze heures
d'accouplement. Quelques minutes après sa séparation de sa dix-septième femelle, il s'est joint à une
dix-huitième, et enfin à une dix-neuvième. Mais enfin,
placé ensuite à côté d'une vingtième femelle, il n'a pu
se joindre à celle-ci. Ce mâle a d'ailleurs vécu encore
plusieurs jours ; mais j'ai négligé de noter quelle avait
été la durée de sa vie. Je ne trouve pas non plus noté
exactement que les œufs de ces dix-septième, dix-huitième et dix-neuvième accouplements eussent l'appa-

rence d'être féconds ; mais je crois bien qu'ils avaient presque tous cette apparence, autrement je n'eusse pas manqué de remarquer le contraire.

Cette force, cette vigueur pour l'accouplement que la nature a donnée au papillon mâle du ver à soie, n'est pourtant pas toujours la même dans tous les individus de l'espèce. Je vais citer quelques faits qui prouveront que sous ce rapport, de même que sous tous les autres, il n'y a pas d'égalité entre les différents individus.

1°. Trois femelles fécondées par un sixième accouplement ou par des mâles qui avaient déjà été joints à cinq autres femelles, à sept à huit heures par chaque accouplement précédent, ont pondu des œufs, dont un vingtième, ou à peu près, était clair.

2°. Une femelle, qui avait été fécondée par un dixième accouplement ou par un mâle qui avait été uni, comme ci-dessus, à neuf femelles avant elle, a pondu des œufs dont un sixième, ou environ, était clair.

3°. Deux mâles qui s'étaient déjà unis chacun à douze femelles, et pendant sept à huit heures avec chacune d'elles, n'ont pu, le cinquième jour, accomplir un treizième accouplement ; ils ont fait, pendant une demi-journée, des efforts multipliés pour se joindre à de nouvelles femelles, mais sans pouvoir y réussir.

4°. Un autre mâle ayant déjà fécondé douze femelles en quatre jours, et n'ayant cessé pendant tout ce temps d'être uni à elles que durant une heure ou deux, s'est refusé tout à fait pour un treizième accouplement ; il est resté pendant quatorze heures avec une nouvelle femelle sans se joindre à elle, et celle-ci a commencé à pondre un certain nombre d'œufs qui sont restés clairs : mais un autre mâle, ayant déjà fécondé treize femelles en quatre jours et demi, s'est uni à cette femelle encore vierge, pendant huit heures, et a interrompu sa ponte durant ce temps. Après avoir vu le nouveau mâle, lorsque la femelle a repris sa ponte, elle a fait des œufs dont les dix-neuf vingtièmes, ou environ, ont eu le caractère d'œufs féconds.

Naturellement, lorsque les papillons mâles sont laissés en liberté avec les femelles et lorsqu'ils se sont unis à celles-ci, ils restent rarement accouplés moins de huit à dix heures; souvent l'accouplement dure une journée entière sans que le mâle se sépare de sa femelle, et quelquefois même ce n'est que le second ou le troisième jour qu'il la quitte. Nous avons vu, d'ailleurs, à combien d'accouplements différents un mâle pouvait suffire; mais quelle doit être la longueur de l'accouplement, afin que la fécondation des œufs puisse avoir lieu? Plusieurs auteurs l'ont fixée à huit heures, d'autres à six seulement. J'ai observé quelques faits desquels il résulte que la fécondation peut avoir lieu en moins de temps encore; cependant je ne vois aucun inconvénient à laisser durer l'accouplement pendant huit heures, car il serait possible qu'il y en eût à le trop abréger. Quoi qu'il en soit, voici trois faits d'après lesquels il n'a fallu que trois à cinq heures à des mâles pour rendre les œufs de leurs femelles féconds en totalité ou en partie.

1°. Tous les œufs, ou au moins les dix-neuf vingtièmes des œufs pondus par une femelle qui n'avait été accouplée au mâle que pendant cinq heures, ont donné des vers vivants.

2°. Une femelle qui n'était restée accouplée que quatre heures avec le mâle a pondu trois cent soixante-quinze œufs, dont il est éclos 338
Les vers tout formés ont avorté dans. 35
Inféconds. 2
Nombre égal. 375

3°. Une femelle qui n'a été accouplée que trois heures a pondu six cent quatre-vingt-seize œufs, dont trois cent soixante-cinq avaient tous les caractères d'œufs fécondés ; les trois cent trente-un autres étaient clairs.

La fécondation des œufs ne s'opère pas chez les papillons des vers à soie de la même manière que dans les oiseaux et autres ovipares. Dans ceux-ci, lorsque le mâle s'accouple à la femelle, les œufs qui sont attachés à l'ovaire de cette dernière se trouvent fécondés immédiatement. Dans les papillons des vers à soie les choses se passent fort différemment : les œufs, qui occupent la plus grande partie de l'abdomen de la femelle, sont attachés les uns aux autres, comme sur une sorte de chapelet, et pendant l'accouplement, dont nous avons vu que la durée pouvait être très variable, le mâle, fixé par deux crochets à la partie inférieure de l'abdomen de la femelle, lui transmet la liqueur prolifique ; on ne sait pas encore bien en combien de temps, mais il paraît certain que cen'est pas en une seule fois ; on doit même présumer que c'est seulement à plusieurs reprises, et que même plusieurs heures lui sont nécessaires pour la transmission de la liqueur prolifique, puisque, dans les obser-

vations n°s 2 et 3 ci-dessus, trois cent soixante-treize
œufs d'une femelle, sur trois cent soixante-quinze, ou
a presque totalité, ont pu se trouver féconds après un
accouplement de quatre heures, et que trois cent trente-
un sur six cent quatre-vingt-seize, c'est à dire presque
la moitié, sont restés clairs après un accouplement qui
n'avait duré que trois heures. Ce qu'on sait, d'ailleurs,
d'une manière beaucoup plus positive, depuis Mal-
pighi, c'est que cette liqueur n'est pas portée directement sur les œufs pour les féconder, mais qu'elle
est reçue par la femelle et mise en réserve dans un organe particulier, une sorte de bourse qui communique
avec l'oviducte. Ensuite, lorsque la femelle se met à
pondre, elle fait passer, l'un après l'autre, chaque œuf
par son oviducte, et au moment seulement où l'œuf passe
par celui-ci devant la petite bourse ou réservoir con-
tenant la liqueur du mâle, cette liqueur en découle
pour opérer la fécondation de l'œuf, qui de cet instant
devient fécond. M. Audouin, qui a donné à cette bourse
le nom de *vésicule copulatrice*, l'a retrouvée dans un
grand nombre d'insectes qu'il a eu occasion de dis-
séquer.

Nous avons vu plus haut que les œufs provenant d'un
seizième accouplement étaient féconds, et nous verrons plus bas qu'une femelle de ver à soie pond souvent
cinq cents œufs et quelquefois davantage. Si l'on sup-
pose que chaque femelle puisse réellement produire ce
nombre d'œufs, il s'ensuit que, lorsqu'il y a eu seize
accouplements, il peut y avoir huit mille œufs de fécondés, et d'après la manière dont s'opère leur fécondation, l'esprit a peine à concevoir cette division extrême
de la liqueur fécondante d'un seul mâle, qui, après

s'être d'abord partagée en seize portions, a été subdi-
visée définitivement en huit mille. Peut on voir quelque
chose de plus merveilleux que cette division de la matière organique, dont la quantité première est, sans
doute, bien loin de peser un grain !!!

§ V et VI. *Temps que les papillons femelles mettent à
pondre; et nombre des œufs que pond chaque femelle
en particulier.*

Dans les éducations de vers à soie, telles qu'on les
fait dans les magnaneries, comme on met toujours
pondre un plus ou moins grand nombre de papillons
femelles réunis ensemble sur la même toile, on ne sait
jamais guère d'une manière positive combien de temps
les femelles mettent à faire leurs œufs, et combien
chacune d'elles peut en faire. Les Chinois eux-mêmes,
quoiqu'ils élèvent des vers à soie depuis plus de quatre
mille ans, n'en savent pas plus que nous sous ce rapport, car on trouve dans le *Résumé des principaux
traités chinois sur les éducations des vers à soie,*
page 100 : « Les femelles qui pondent s'arrêtent au bout
d'une nuit, » et, page 169 du même ouvrage, « un
papillon femelle pond environ deux cents œufs. »

Je n'ai pu faire jusqu'ici qu'un assez petit nombre
d'observations sur ce sujet, mais elles sont loin d'être
d'accord avec les assertions des Chinois. Je vais les rapporter le plus brièvement qu'il me sera possible afin
de donner quelques éclaircissements sur cette partie de
l'histoire du ver à soie.

Première observation. Pour chercher à déterminer
combien un papillon femelle de ver à soie pouvait
pondre d'œufs, je pris, au mois de juillet 1835 ; dix de

ces papillons , de la race *sina*, tous bien conformés , et après les avoir fait féconder par le même nombre de mâles, je les fis pondre chacun dans une case particulière. La totalité des œufs pondus par ces dix papillons fut de quatre mille sept cent soixante-douze, et par conséquent la ponte moyenne, pour chacune des femelles, a été de quatre cent quarante-sept œufs : la femelle la plus féconde en pondit d'ailleurs à elle seule six cent dix-huit, et celle qui le fut le moins n'en produisit que trois cent dix.

Deuxième observation. Cinq papillons femelles de la même race, sortis de leur cocon le 17 juillet 1836, entre six et sept heures du matin , n'ont été accouplés à des mâles qu'à six heures et demie du soir de ce même jour, et leur accouplement a duré près de douze heures, c'est-à-dire jusqu'au 18 juillet à six heures du matin. Ces cinq femelles, séparées de leurs mâles à cette dernière heure, n'avaient pas encore à midi, fait un seul œuf , et ce ne fut qu'une heure après que l'une d'elles se mit à pondre et fit environ deux cents œufs en deux heures. Quant aux quatre autres femelles, vers cinq heures du soir le même jour , c'est-à-dire plus de dix heures après avoir été séparées des mâles, elles commencèrent seulement leur ponte, et alors elles firent beaucoup d'œufs, dont je ne pus pas compter au juste le nombre, parce que j'avais négligé de placer les femelles séparément les unes des autres.

Ce qui fait qu'il est difficile de compter exactement les œufs de vers à soie des races ordinaires qu'on élève habituellement dans les magnaneries, c'est que les papillons femelles les attachent au papier ou à la toile sur lesquels on les met pondre, et que d'ailleurs ils

les mêlent souvent les uns aux autres lorsque plusieurs
de ces papillons pondent ensemble. M. Henri Bourdon m'ayant donné, en 1836, des vers à soie d'une
race de Syrie (1) que M. C. Beauvais s'était procurée
quelques années auparavant par le canal du général
Guilleminot, alors ambassadeur à Constantinople; et les
papillons femelles de cette race ne fixant pas leurs œufs,
mais les laissant libres sur les substances sur lesquelles
ils les déposent, j'ai pu, au moyen des œufs de cette race,
faire des observations encore plus positives que celles
que je viens de rapporter, ayant la facilité d'enlever à
chaque femelle ses œufs au fur et à mesure qu'elle en avait
pondu une certaine quantité.

Troisième observation. Une femelle de la race syrienne, dont il vient d'être question, sortie de son cocon le 22 juillet 1836, à sept heures du matin, et accouplée le même jour depuis quatre heures après midi
jusqu'à dix heures et demie du soir, a commencé à
pondre depuis cette dernière heure jusqu'au lendemain
23, six heures du matin, et elle avait fait alors 224 œufs.

Le 23, à sept heures du matin, cette femelle était dans un état parfait de repos; elle
y est restée tout le jour et n'a recommencé
à pondre de nouveau que dans le courant de
la nuit suivante. Le 24 au matin, elle avait
pondu nouveaux œufs. 516

Ensuite lentement dans le courant de cette
journée. 26

Les jours suivants. 6

En tout. 766

<hr>

(1) Cette race produit des cocons d'un quart plus gros et plus
pesants que ceux des autres races de vers que nous connaissons.

Quatrième observation. Une autre femelle de la même race, sortie de son cocon ledit jour 22 juillet 1836, mais à neuf heures du matin, et accouplée tout de suite à un mâle jusqu'à dix heures du soir, n'avait pas encore, le 23 à midi, pondu un seul œuf, quoiqu'elle fût alors séparée du mâle depuis quatorze heures. Ce ne fut qu'après midi passé que cette femelle se mit à pondre, et à sept heures du soir du même jour elle avait fait. . . . . 360 œufs.

A cette dernière heure elle se reposait. Le 24, à six heures du matin, elle n'avait rien pondu de plus ; mais, deux heures après, elle a continué sa ponte, et le 25, à neuf heures du matin, les nouveaux œufs étaient au nombre de. 374

Le 27, à sept heures du soir, elle en avait fait en plus. 28

Une demi-heure plus tard, lentement et avec de grands efforts. 6

Enfin, dans la journée du 28. 7

En tout. 775

Cinquième observation. Une femelle de la race syrienne, sortie de son cocon le 20 août 1837 et accouplée, le lendemain 21, depuis cinq heures du matin jusqu'à une heure de l'après-midi, avec un mâle qui en était à son septième accouplement, s'est mise à pondre aussitôt après en avoir été séparée, et d'une heure après midi à sept heures du soir, elle a pondu 177 œufs.

Et de sept heures du soir à neuf du même
jour. 414

De neuf heures du soir, le 21 août, à
cinq heures du matin, le 22. 35

De cette dernière heure à six heures du
matin, le 23. 15

Pendant les vingt-quatre heures suivantes
jusqu'au 24 à cinq heures du matin. . . 35

De cette dernière heure au lendemain à pa-
reille heure. 8

Le 26. 0

Le 27 au matin, cette femelle était morte. . 0

Total des œufs pondus. . . . 684

Sixième observation. Une seconde femelle de la même
race , née également le 20 août, à cinq heures du
matin , après avoir été accouplée pendant huit heures,
à dater du 21 au matin , a commencé à pondre à une
heure de l'après-midi , aussitôt après avoir été séparée
du mâle, et d'une heure à sept elle a fait. . . 289 œufs.

De cette dernière heure à neuf heures du
soir. 213

De neuf heures du soir, le 21, à cinq heures
du matin le 22. 0

De cette dernière heure au 25, six heures
du matin. 55

Du 23 au matin à six heures du matin le 24. 43

Le 25, à six heures du matin. 2

Le 26, à six heures du matin. 3

Le 27, elle était morte. 0

Total des œufs pondus. . . 605

Septième observation. Une troisième femelle de la même race que les deux précédentes, née et fécondée les mêmes jours, avait pondu, à huit heures du soir le 21. . . . . 377 œufs.

De cette dernière heure à cinq heures du matin le 22. 24

Depuis cette heure jusqu'à six heures du matin le 23. 25

Le 24, à six heures du matin. 7

Le 25, à six heures du matin, cette femelle était morte. . . . . o

Elle a pondu en tout. . . . 433

Huitième observation. Une quatrième et cinquième femelles de la même époque, et fécondées les mêmes jours et heures que les précédentes, avaient pondu à elles deux, le 21 août, à trois heures du soir, en sept heures de ponte. . . . . 806 œufs.

De cette dernière heure à cinq heures du matin, le 22. 235

De cette dernière heure à six heures du matin, le 23. 105

Le 24, à six heures du matin. . . . 35

Le 25, à six heures du matin. . . . 3

Et alors une femelle était morte.

Le 27, le 28, le 29 et le 30. . . . . . o

Le 30, mort de la deuxième femelle.

Ces deux femelles ont pondu à elles deux. 1184

Neuvième observation. Une sixième femelle, absolument dans les mêmes circonstances que les cinq précédentes, a pondu, depuis une heure de l'après-

(90)

midi, le 21 août jusqu'à huit heures et demie dudit
jour. . . . . 373 œufs

A cette dernière heure cette femelle se reposait.

Dans la nuit du 21, et jusqu'à cinq heures
du matin le 22, elle a pondu nouveaux œufs. 125

Depuis ce temps jusqu'au 23, six heures
du matin. 57

Le 24, à six heures du matin. 2

Le 25, à six heures du matin. 1

Le 26 et le 27. 0

Le 27, dans la soirée. 1

Le 28, le 29, le 30 et le 31, ... 0.

Le 1er septembre, cette femelle était morte.

Elle a pondu en tout. 559

Dixième observation. Une septième femelle, née et
fécondée comme les précédentes, a pondu, depuis une
heure de l'après-midi, le 21 août, jusqu'à huit heures
et demie. . . . . 579 œufs.

Pendant la nuit suivante et jusqu'à cinq
heures du matin, le 22. 15

De cette dernière heure à six heures du matin, le 23. 33

Le 24, à six heures du matin. 10

Le 25, à six heures du matin. 0

Le 26, le 27 et le 28. 0

Ce dernier jour, la femelle est morte.

Elle a pondu en tout. 637

Onzième observation. Une dernière femelle, née et
fécondée de même que les précédentes, a pondu, de-

puis une heure de l'après-midi, le 21 août, jusqu'à huit heures et demie du soir de ce jour. . . . 587 œufs.

Pendant la nuit suivante et jusqu'à cinq heures du matin, le 22. 54

De cette dernière heure à six heures du matin, le 23. 18

Le 24, à six heures du matin. 16

Le 25, à six heures du matin. 1

Le 26, à six heures du matin. 3

Le 27, à la même heure. 2

Le 28 et le 29. 0

Le 30, morte.

Total des œufs pondus par cette femelle. 681.

N. B. Ces huit femelles sorties toutes de leurs cocons le 20 août, entre cinq et six heures du matin, ont attendu pendant vingt-quatre heures avant d'être accouplées à des mâles, et pendant ce temps elles n'ont fait, à elles toutes, qu'une soixantaine d'œufs qui sont restés clairs.

Douzième observation. Ayant manqué de compter avec la même exactitude le nombre précis des œufs pondus par huit autres femelles, selon les heures de la journée, je ne puis présenter qu'en masse le résultat de leur ponte. Ces huit femelles, de la race syrienne, ont pondu ensemble six mille trois cent cinquante-deux œufs ; par conséquent, le terme moyen, pour chacune d'elles, a été de sept cent quatre-vingt-quatorze œufs : la plus féconde en avait d'ailleurs pondu à elle seule huit cent quatre-vingt-cinq, et celle qui le fut le moins en fit six cent quatre-vingt-dix-sept.

Si l'on ne voulait consulter que quelques-unes des observations que je viens de rapporter, on pourrait en conclure que les papillons femelles des vers à soie pondent les huit à neuf dixièmes de leurs œufs dans les sept à huit heures qui suivent le moment où elles ont été séparées des mâles ; mais on ne peut établir ce fait comme règle générale, puisque, dans plusieurs autres (voyez la deuxième et la quatrième observation), plusieurs femelles sont restées dix et même quatorze heures après avoir quitté les mâles avant de commencer leur ponte.

Je n'ai pas eu occasion de pouvoir observer des papillons femelles faisant leur ponte sous l'influence d'une haute température, celle, par exemple, de 24 à 25 degrés au-dessus de o ; mais, d'après l'activité qu'une chaleur un peu élevée imprime aux vers à soie lorsqu'ils sont à l'état de larve et de chrysalide, activité qui abrége pour eux toutes les phases de leur existence, il y a lieu de croire que la ponte des papillons serait de même accélérée sous l'influence d'un semblable degré de chaleur. J'ai eu, au contraire, l'occasion d'observer plusieurs fois que la ponte des femelles, exposée à une assez basse température, en est sensiblement retardée. Parmi plusieurs observations recueillies dans cette dernière circonstance, je rapporterai seulement les deux suivantes.

Première observation. Une femelle de papillon *sina*, sortie de son cocon le 4 novembre 1836, a été accouplée, le même jour, à un mâle, et est restée jointe à lui jusqu'au lendemain 5, dix heures du matin.

Le 6, à la même heure, elle avait pondu.   o œufs.

. Le 7, à midi (et alors elle ne pondait plus).   79

Le 8, à 11 heures du matin (et la ponte
était interrompue).   77

A neuf heures du soir, le même jour . .   29

Le 9, à dix heures du soir.   4

Le 10, à quatre heures du soir. . .   4

Le 11, à trois heures après midi. . .   72

Le 12, à quatre heures du soir. . . .   79

Le 13, à la même heure.   21

Le 14, à une heure après midi. . . .   6

Le 15, à la même heure.   11

Le 16, à midi.   15

Le 17, à deux heures.   3

Du 18 au 24, jour de la mort de cette
femelle. . . . .   o
                                         ——————
                                         400

Un seul œuf non pondu a été trouvé dans son corps
après sa mort; pendant toute la ponte, le thermomètre
n'avait marqué que 9 à 10 degrés.

Deuxième observation. Un papillon femelle, de la
race syrienne, sorti de son cocon le 15 de septembre 1838, et accouplé avec un mâle seulement pendant
trois heures, depuis deux heures de l'après-midi jusqu'à cinq, est resté, à compter de ce dernier moment, sans faire un seul œuf jusque dans la soirée du 17,
c'est-à-dire plus de quarante-huit heures. Ce n'est
qu'alors qu'il a commencé sa ponte, qui, de même
que pour la précédente, ne s'est faite que lentement et
à plusieurs reprises, puisqu'elle a duré jusqu'au 24 du
même mois. Le nombre des œufs pondus a été, en to-

talité, de six cent quatre-vingt-seize. Le thermomètre intérieur n'était alors qu'entre 13 et 14 degrés au-dessus de o. Voici dans quelle proportion la ponte s'est faite jour par jour : dans la nuit du 17, et jusqu'à six heures du matin, le 18. . . . . 253 œufs.

A cette heure la ponte était suspendue ; et elle resta interrompue jusqu'à une heure de l'après-midi. De cette heure à six heures du matin. 147

Le 19, interruption de la ponte jusqu'à sept heures du soir. . . . .

Le 20, nouveaux œufs pondus pendant la nuit précédente et jusqu'à six heures du matin. 105

Le 21, de dix heures du matin à huit heures du soir. 91

Du 21 soir au 22, neuf heures du soir.. 79

Le 23, pendant la journée. 15

Le 24. 6

Les 25, 26 et 27. 0

Le 28, mort de cette femelle. 0

Total des œufs pondus par elle. . . . 696

Dans le nord de la France, où l'on a commencé, depuis quelques années, à faire des éducations de vers à soie, mais où le climat est généralement plus inconstant que dans le midi, et plus sujet aussi à des abaissements subits de température au milieu de l'été, lorsque, par l'effet de ces dernières circonstances, le thermomètre se trouvera au-dessous de 17 à 18 degrés dans la chambre où seront les papillons femelles pour la ponte, je crois qu'il sera bon de leur donner l'activité qui pourrait leur manquer en élevant le degré de chaleur à 19 ou 20 degrés. On remédiera, par ce moyen, à la lenteur de la ponte qui pourrait s'ensuivre. Ce n'est pas qu'il soit bien prouvé que la lenteur de la ponte puisse nuire à la simultanéité de l'éclosion subséquente des œufs; mais comme on doit toujours faire tout ce qu'on pourra pour se rapprocher, le plus qu'il sera possible, de cette simultanéité, une chaleur plus élevée à donner aux papillons femelles est un moyen qui n'est pas à négliger.

Les réflexions à faire sur la durée de la ponte et sur le nombre des œufs que les papillons femelles peuvent faire dans un temps donné se présentent d'ailleurs d'elles-mêmes. Il me semble qu'après un coup d'œil rapide jeté sur les tableaux qui indiquent le résultat de mes observations, il reste assez prouvé qu'il n'y a pas plus de régularité dans les heures de la ponte qu'il n'y a d'égalité dans le nombre des œufs pondus par chaque femelle en particulier.

§ VII. *Poids des œufs pondus par les papillons femelles.*

Nous venons de voir que le nombre des œufs pondus par chaque femelle pouvait varier de plus de trois cents de l'une à l'autre dans la même race. La pesanteur spécifique de ces œufs est aussi une chose très-variable, d'où il suit qu'on ne peut jamais déterminer qu'approximativement ce qu'il peut sortir de vers à soie d'une once de graine, en supposant que tous les œufs éclosent, ce qui n'arrive jamais. C'est par suite de cette pesanteur variable que les uns ont dit qu'une once de graine renfermait cinquante mille œufs, tandis que d'autres assurent qu'elle n'en contient que quarante mille. Dans les expériences que j'ai faites pour chercher à reconnaître quelle pouvait être la vérité entre ces deux assertions, j'ai trouvé que, sur ce point comme sur tous ceux que j'ai examinés touchant les vers à soie, il y a presque toujours inégalité, non-seulement entre les œufs des différentes femelles, mais encore entre les œufs de la même femelle faits dans les différents temps de sa ponte ; de sorte que cette inégalité qu'on observe partout dans les vers à soie à l'état naturel, et que nous cherchons à corriger le plus que nous le pouvons dans nos éducations soignées, tient, sans doute, à ce que, dans la nature et dans les différentes classes des êtres créés, il n'y a pas deux individus qui soient absolument égaux et semblables. Voici, d'ailleurs, les principales variations que j'ai observées dans la pesanteur des œufs.

La première fois que je pensai, en 1824, à m'assurer du poids de la graine de vers à soie, je trouvai que quatre-vingt-dix œufs d'une race de vers blancs *sinas*, dont j'avais reçu une once d'Anduze, dans les Cévennes, pesaient un grain. D'après cela, il y avait dans une once de cette graine cinquante-un mille huit cent quarante œufs.

La même année, je reçus de Smyrne, par le canal de M. Robert, directeur du Jardin de la marine, à Toulon, une once de graine qui me produisit des cocons de différentes couleurs ; il me fallut de cette graine quatre-vingt-quatre œufs au grain, et, par conséquent, il y avait quarante-huit mille trois cent quatre-vingt-quatre œufs dans l'once.

Je pesai dans le même temps les œufs de la récolte de vers à soie que j'avais faite à Paris, en 1823, et je trouvai quatre-vingt-six œufs dans un grain, d'où il suit qu'une once de cette graine devait contenir quarante-neuf mille cinq cent trente-six œufs.

Ces variations sont peu de chose en comparaison de celles que j'ai observées depuis.

Ordinairement les plus beaux papillons femelles font des œufs plus pesants que les femelles qui sont plus petites. Ainsi, en 1835, de beaux papillons de la race *sina* m'ont donné des œufs, dont il ne fallait que soixante-neuf pour peser 1 grain, et dont il ne se serait trouvé, par conséquent, que trente-neuf mille sept cent quarante-quatre dans une once.

La même année, des papillons presque moitié plus petits et qui étaient sortis de cocons d'un tiers moins pesants m'ont donné des œufs dont il fallait quatre-vingt-six au grain, ce qui donne, comme ci-dessus, quarante-neuf mille cinq cent trente-six pour l'once.

En 1836, je pesai de même, avec toute l'exactitude possible (1), les œufs de plusieurs femelles de la race syrienne, dont j'ai déjà parlé plus haut, et voici les différences spécifiques en poids que j'ai observées dans leurs œufs.

____

(1) Je me sers, pour peser mes œufs de vers à soie, non-seulement d'un excellent trébuchet, mais encore je pèse ordinairement 6 grains d'œufs à la fois, et, après les avoir comptés, je prends le sixième de leur nombre total pour établir celui qui se trouve dans un grain. Je crois qu'en procédant de cette manière, s'il y a erreur, elle ne peut être que d'une fraction de grain infiniment faible.

1°. Soixante-onze œufs d'une femelle ayant pondu sept cent soixante-trois œufs ont pesé un grain, d'où j'ai supputé qu'il en eût fallu quarante mille huit cent quatre-vingt-seize semblables pour faire le poids d'une once.

2°. Soixante-six œufs d'une femelle qui en avait pondu six cent quatre-vingt-dix-sept ont pesé un grain, d'où j'ai pu conclure que trente-huit mille seize œufs qui eussent été semblables auraient pesé une once.

3°. Je ne fais pas mention en détail des œufs de quatre autres femelles, dont la pesanteur spécifique a varié, de manière qu'entre les deux chiffres ci-dessus il s'est trouvé, par grain, un ou deux œufs en plus ou en moins.

Je crois convenable de rapporter, au contraire, quelle a été la différence dans le poids des œufs des mêmes femelles à différentes époques de leur ponte.

1°. Les premiers œufs pondus par une femelle de la race syrienne, qui en fit en tout sept cent soixante-deux, pesaient dans la proportion de soixante-six au grain, tandis qu'il en fallait soixante-douze des derniers pour faire le même poids.

2°. Ces proportions furent les mêmes pour les œufs d'une autre femelle de la même race, qui en avait pondu sept cent cinquante.

3° Soixante-quatre œufs des premiers pondus par une troisième femelle, toujours de la même race, qui en pondit en tout huit cent cinquante-deux, pesaient un grain ; mais il en fallait, au contraire, soixante-quinze des derniers faits pour peser le même poids, c'est-à-dire onze de plus. Cette différence dans la pesanteur spécifique des œufs de la même femelle est considérable et mérite d'être remarquée.

4° Les œufs de la femelle la plus féconde de cette race, et qui étaient en tout au nombre de huit cent quatre-vingt-cinq, pesaient dans la proportion suivante : soixante-quatorze des premiers, un grain ; soixante-dix-sept des seconds, un grain ; et il en fallait quatre-vingts des derniers faits pour peser le même poids.

- On pourrait croire, d'après ces dernières observations, qu'il y aurait quelque avantage à conserver pour les éducations les œufs les premiers pondus de préférence aux derniers, parce qu'il y aurait à espérer de plus beaux vers et de meilleurs cocons des premiers ; mais nous allons voir tout à l'heure que de petits vers ne produisant que de faibles cocons peuvent faire des œufs plus pesants que d'autres vers ayant donné de beaux cocons beaucoup plus lourds. Ainsi on ne peut donc rien présumer de l'avenir des vers d'après la seule pesanteur des œufs que leurs papillons ont pondus : tel est, au moins, mon sentiment. Il n'est pas rare d'ailleurs de voir, dans l'espèce humaine, des enfants ayant à leur naissance toutes les apparences d'une grande vigueur, qui, cependant, ne sont plus, à l'âge adulte, que des êtres faibles et valétudinaires, tandis que d'autres enfants, venus au monde avec tous les signes d'une faiblesse extrême, sont très-vigoureux quand ils sont parvenus à l'âge adulte. D'après cela, est-il permis de préjuger d'avance de la beauté à venir des vers à soie d'après la pesanteur seule des œufs dont ils seront sortis ?

Les vers à soie de trois mues, comme nous le verrons plus bas, sont constamment plus petits que les vers
à quatre mues, et ils font des cocons qui sont toujours
d'un sixième moins pesants, s'ils ne sont même encore plus légers. Cependant les papillons femelles de
ces vers pondent des œufs dont la pesanteur spécifique
est souvent égale et même supérieure à celle des œufs
que font les vers des races à quatre mues. Ainsi des
femelles de trois mues ont pondu des œufs dont il fallait au grain soixante-quatorze, soixante-treize, soixan-
te-dix, soixante-cinq et soixante. Ces femelles, je
dois le dire, font moins d'œufs que celles des autres
races. N'ayant fait pondre aucune de ces femelles séparément, je ne puis donner ni le maximum ni le minimum de leur ponte; je puis seulement dire que la
moyenne de quinze femelles a été de trois cent quatre-
vingt-quatre à trois cent quatre-vingt-cinq œufs; la
moyenne de trois autres, de trois cent soixante-treize;
la moyenne de six autres, de trois cent cinquante-six;
enfin la moyenne de cinq autres, de trois cent vingt-six.

Parmi ces femelles de trois mues, celles qui firent
des œufs dont il ne fallait que soixante-cinq au grain
en ont produit par le fait dont il n'eût fallu que trente-
sept mille quatre cent quarante par once de graine,
et celle qui a pondu les œufs les plus pesants, dont
on ne comptait que soixante dans un grain, en produisit, par conséquent, dont il n'eût fallu que trente-
quatre mille cinq cent soixante dans le poids d'une
once.

J'ai dit plus haut que des papillons sortis de cocons
blancs *sinas* avaient fait des œufs dont il fallait cin-

quante-un mille huit cent quarante pour peser une
once; tandis qu'il n'en eût fallu que trente-quatre
mille cinq cent soixante de ceux de la dernière femelle de la race à trois mues; différence, dix-sept
mille deux cent quatre vingt, ou juste un tiers. Mais, ce
qui nous paraît le plus extraordinaire, c'est que des
premiers œufs il est sorti des vers qui ont produit de
fort beaux cocons, dont il ne fallait guère que
deux cent vingt pour peser une livre, tandis qu'il
eût fallu trois cent cinquante à trois cent soixante cocons des vers de trois mues pour faire le même poids.
Ce qui me paraît, d'ailleurs, le plus étonnant, c'est que
les femelles de trois mues qui donnèrent les œufs les
plus lourds, ceux de soixante au grain ou de trente-
quatre mille cinq cent soixante à l'once, étaient sorties
de cocons dont il eût fallu quatre cent vingt pour peser
une livre.

Ceci m eparaît fort difficile à expliquer, à moins qu'on
ne veuille supposer que dans ces vers plus petits la
nature réserve en quelque sorte toutes ses forces pour
la propagation de l'espèce, qui est son but principal
dans tous les êtres de la création. A ce sujet, je dirai
qu'ayant nourri, en 1824, des vers à soie avec du mûrier rouge durant toute leur existence à l'état de larve,
ils me firent des cocons si petits, qu'il en eût fallu environ huit cent quatre-vingts pour peser une livre. Si
les œufs que me donnèrent les papillons qui sortirent
de ces cocons avaient été dans la proportion de leur
grosseur, qui était des deux tiers moindre que celle des
autres papillons, il eût fallu peut-être deux cents de
leurs œufs pour peser un grain : eh bien! il n'en fallait

que quatre-vingt-quinze à quatre-vingt-seize. Comme je viens de le dire un peu plus haut, on ne peut donc rien conclure de positif, d'après la pesanteur des œufs, pour la force et la vitalité que pourront avoir les vers à soie qui en sortiront.

CINQUIÈME PARTIE.

DE DIFFÉRENTES ESPÈCES OU VARIÉTÉS DE VERS A SOIE.

§ I. Des vers de trois mues.

Je ne sache pas que jusqu'à présent les éducateurs de vers à soie, en France, se soient beaucoup occupés des vers de trois mues, qui appartiennent à une race particulière, laquelle, au lieu d'être sujette à quatre mues dans le cours de son existence, ainsi que la race ordinaire, n'en fait que trois, et dont, par conséquent, les phases à l'état de larve s'accomplissent en quatre âges au lieu de cinq. Ce que je trouve de plus positif à leur sujet, c'est ce qu'en a écrit Boissier de Sauvages (pag. 52 de l'*Art d'élever les vers à soie*, nouvelle édition, Avignon, 1788) : « Dans les cas extraordinaires d'une forte gelée, qui a gelé les bourgeons des mûriers au moment où les vers à soie venaient d'éclore, dit cet auteur, il faut nécessairement jeter les vers éclos, faute d'avoir de quoi les nourrir. Alors au lieu de la graine de vers à soie à quatre mues, on met à couver, en Toscane, celle appelée en italien *de tre volte*, ou des vers qui ne muent que trois fois. Ces derniers vers sont une espèce particulière, plus petite de moitié que la précédente, qui vivent moins, man-

gent moins, et qui éclosent, en revanche, plus tôt et
plus facilement : ils se reproduiraient régulièrement
deux ou trois fois de suite dans la même saison, si
l'on voulait entreprendre une seconde et une troisième
éducation, si une troisième était d'ailleurs praticable :
ils filent enfin des cocons dix ou douze jours plus tôt
que les vers ordinaires ; mais ces cocons sont bien inférieurs aux autres par la taille, le poids, le tissu lâche
et la qualité de la soie. L'hôpital de Florence, appelé *gli innocenti*, ou des enfants trouvés, est chargé
de perpétuer au besoin cette espèce de graine, et
d'en avoir, chaque année, une certaine quantité de re-
lais, qui devient ordinairement inutile pour le public,
et dont les cocons percés par les papillons dédomma-
gent des frais d'éducation. Cette graine est portée
dans des boîtes de fer-blanc, à Valombreuse, sur l'A-
pennin, où le froid qui y règne l'empêche d'éclore
dans le temps ordinaire des autres couvées. Dans
toute autre circonstance que celle d'une gelée, qui
aurait généralement broui tous les mûriers, les éducations de *tre volte* sont sévèrement prohibées. » Boissier de Sauvages paraît, d'ailleurs, n'avoir parlé des
vers de trois mues que sur ouï-dire, et n'en avoir
jamais vu.

Dandolo, dont les utiles travaux sur les vers à soie
ont puissamment contribué à améliorer l'art d'élever
ces insectes, et qui, habitant l'Italie, devait connaître
mieux les vers de trois mues, est d'un avis contraire
à celui de Sauvages, et même il a pris pour épigraphe
de son ouvrage les paroles suivantes : « Si je m'adon-
» nais à filer de la soie, je n'élèverais que des vers de

» trois mues et de ceux à cocons blancs. » (Voyez l'*Art
d'élever les vers à soie*, par le comte Dandolo, troisième édit., pag. 242 à 246, et au titre.)

La divergence d'opinion entre Sauvages et Dandolo,
au sujet des vers à trois mues, m'a donné le désir d'en
avoir des œufs pour en faire quelques essais. A cet
effet, je me suis adressé à plusieurs personnes dans le
midi de la France pour m'en procurer ; mais cette race
ne paraît pas y être connue, ou elle y est très-rare,
car j'ai été plusieurs années sans pouvoir en recevoir.
Enfin, j'ai dû à l'obligeance de M. Robert, directeur du
jardin de la marine, à Toulon, d'en recevoir environ
une demi-once qui lui avait été envoyée de Florence.
Cette graine m'est parvenue le 23 mai 1837, et quatre
jours après que je l'avais reçue, plusieurs vers ont
commencé à éclore spontanément. A cette époque,
à cause du retard de la saison, il n'y avait pas encore,
à Paris, de feuilles de mûrier développées ; ou du
moins elles étaient fort rares. Cependant, comme dans
les éclosions spontanées les vers mettent toujours un
certain nombre de jours à naître, je pus me procurer
des feuilles le 1er juin suivant, et je commençai, ce
jour-là, une éducation de sept cent douze vers qui
étaient éclos le jour même.

Pendant le premier âge, j'ai donné quatre repas par
jour à mes vers, et cinq durant le second. Avec ce ré-
gime, la première mue a été terminée le septième jour,
la seconde le treizième, et la troisième le dix-neuvième jour. Jusqu'après la seconde mue je n'ai observé
aucune différence entre mes vers de trois mues et
ceux qui en font quatre ; mais, après cette époque,

les premiers se sont mis à grossir beaucoup plus promptement que les vers ordinaires ne le font entre la seconde et la troisième mue ; car au moment où mes vers
sortaient de cette dernière, ils avaient généralement
dix-sept à dix-huit lignes de longueur, ce qui est environ un quart de plus de ce qu'ont alors les vers de la
race à quatre mues. À l'époque de la maturité, qui
était pour eux la fin de leur quatrième âge, mes vers de
trois mues avaient généralement 31 à 32 lignes de
longueur, et pesaient 60 à 68 grains. Dans le dernier âge, je leur ai donné successivement six, sept et
jusqu'à huit repas par jour.

Mes vers de trois mues ont été élevés à la température de mon cabinet : j'évitais d'en ouvrir les fenê-
tres dans les moments les plus froids de la journée, ne
donnant de l'air que dans le milieu du jour lorsqu'il
faisait plus chaud. Pendant les trente jours qu'a duré
mon éducation, il y en a eu cinq durant lesquels le
thermomètre a varié entre 14 et 15 degrés au-dessus de
zéro ; dans cinq autres, il s'est tenu entre 15 et 16 ;
durant onze jours, il a été entre 16 et 17 ; pendant
sept, il a varié de 17 à 19, et pendant deux jours seulement, il a monté à 19 ou à 20. Ces différences assez
grandes dans la température ont eu une influence
sensible sur la situation de mes vers, qui a toujours été
d'autant meilleure que la chaleur atmosphérique était
plus élevée, et mon éducation eût été indubitablement
de six à huit jours plus courte si j'avais pu tenir constamment mes vers à une température de 19 à 20 degrés.

J'avais commencé ma petite éducation le 1er juin, et
elle a été terminée le 1er juillet. Les vers ont com-

mencé à quitter la litière le 27 juin , et leur ascension
sur les cabanes s'est faite dans la proportion suivante:
le premier jour, cent cinquante-huit vers ont commencé leurs cocons, deux cent trente-neuf s'y sont
mis le 28 et le 29 juin , quatre-vingt-treize le 30 , et
quarante-neuf le 1er juillet.

J'avais mis en éducation sept cent douze vers , et j'ai
récolté cinq cent trente-quatre cocons, dont trois cent
vingt pris au hasard pesaient une livre , et le plus
beau , pesé seul, quarante-six grains ; cinq vers n'ont
fait que des cocons incomplets et sont morts avant de
les terminer. La perte des vers pendant les mues ou
autrement a donc été exactement du quart. Les cocons
que j'ai obtenus étaient d'un jaune nankin ou roussâtre , d'un tissu assez serré , en même temps d'une
consistance assez dure , et non pas lâche , comme le dit
Sauvages.

À peu près dans le même temps que je faisais l'éducation de ces vers de trois mues , c'est-à-dire à la différence de cinq jours seulement , j'ai élevé des vers
de la race *sina* , lesquels ont mis six jours de plus
pour faire leurs cocons , dont le poids était dans la proportion de deux cent cinquante-deux à la livre ; de
sorte que , si on leur compare les cocons des vers de
trois mues , ces derniers ne leur sont guère inférieurs
que d'un sixième. Mais ne trouve-t-on pas la compensation du poids des cocons des vers de trois mues dans
la moindre quantité de feuilles qu'ils ont consommée ;
car ayant vécu six jours de moins , et n'étant pas devenus aussi gros et aussi longs , ils ont bien moins
mangé , et la différence dans la consommation des

feuilles a dû être considérable. Il reste à établir quelle est, au juste, l'économie de feuilles qu'on peut faire en nourrissant des vers de trois mues comparativement à la quantité que mangent ceux de quatre mues; elle doit être, ce me semble, d'au moins un tiers, et peut-être plus.

Mon observation laisse aussi à désirer en ce que je n'ai pas fait tirer la soie des cocons de mes vers de trois mues; mais, occupé d'une suite d'expériences pour lesquelles j'ai employé une partie de mes cocons, il ne m'en est pas resté assez pour que cela pût mériter d'en faire le tirage. Ayant d'ailleurs donné à MM. C. Beauvais, Aubert et Robinet de mes vers à trois mues, je pense qu'ils ne négligeront pas, dans l'intérêt de l'art, de faire tirer la soie des cocons qu'ils obtiendront, afin qu'on puisse juger de ses qualités comparativement à celle des vers de quatre mues. J'ai aussi donné des œufs de cette race à plusieurs autres personnes, afin qu'on pût varier les premières observations que j'ai faites à son sujet; et j'invite ces personnes à continuer les expériences que je laisse encore imparfaites. Qu'il me suffise d'avoir appelé l'attention sur ce sujet et de faire observer que les pertes en vers à soie qu'on éprouve ordinairement dans le courant des éducations, ayant principalement lieu pendant le temps des mues, les vers qui n'en font que trois sont exposés à moins de dangers, puisqu'ils éprouvent, dans le courant de leur carrière, une de ces crises ou maladies de moins, maladies qui sont toujours funestes à un plus ou moins grand nombre.

Au reste, ces vers de trois mues, comme le dit Sauvages , sont susceptibles de fournir à plusieurs récoltes dans la même année ; car les papillons femelles de mon éducation, qui sont sortis de leurs cocons depuis le 17 de juillet, jusqu'au 24, ont pondu, après avoir été fécondés par des mâles de leur race , des œufs dont l'éclosion spontanée a commencé le 1er août et a continué pendant dix jours , mais seulement dans la proportion du cinquième ou du sixième de tous les œufs pondus.

J'ai déjà manifesté ailleurs mon opinion sur le croisement des races de vers à soie ; je ne suis pas disposé à croire qu'il soit possible de les améliorer par ce moyen ; aussi les expériences auxquelles je me suis livré en croisant des vers à cocons d'un beau blanc d'argent, dits *sinas,* avec mes vers à trois mues à cocons jaunes, n'avaient-elles pour but que de chercher ce qui pourrait résulter de ce croisement. Ayant lu , page 173 de l'ouvrage sur les vers à soie , traduit du chinois par M. Julien : « Si l'on accouple un mâle blanc avec une femelle jaune, les vers à soie qui naîtront de cette union feront un cocon qui participera de ces deux couleurs ; » j'ai voulu vérifier ce que cette assertion du livre chinois pouvait avoir de vrai ; en conséquence, j'ai fait les expériences suivantes :

Première expérience. J'ai pris , entre le 17 et le 24 juillet 1837 , une trentaine de femelles sorties de cocons jaunes faits par des vers de trois mues, et j'ai donné à chacune d'elles un mâle *sina* à quatre mues. Après que ces femelles eurent été fécondés pendant huit à dix heures , je les séparai de leurs mâles, et je plaçai isolément une partie d'entre elles , afin de les faire pondre seule à seule, et lorsque chacune d'elles eut

fait sa ponte, je conservai séparément les œufs de toutes
les femelles qui avaient pondu isolément. Au printemps
de 1838 et le 25 de mai, un assez grand nombre
d'œufs produits par deux des femelles dont il vient d'être
question étant éclos spontanément, j'en ai fait l'éducation régulière, qui a duré quarante-quatre jours,
parce que la température du printemps a été généralement froide, et que je n'ai pas donné de chaleur artificielle. Le jour où les vers sont éclos, le thermomètre ne marquait, le matin, dans mon cabinet, que
douze degrés au-dessus de zéro, que quatorze à trois
heures de l'après-midi; et le soir, à dix heures, il
était retombé à 12 et demi. Pendant l'éducation, j'ai
compté trente et un jours, durant lesquels le thermomètre n'était, le matin, qu'à treize, quatorze ou
quinze degrés. Dans le courant du reste du temps, il ne
s'éleva que deux fois au-dessus de dix-sept degrés, et
fut, le plus ordinairement, à un degré au-dessous de
cette hauteur. Sous l'influence de cette température
assez froide, la première mue ne fut accomplie que le
onzième jour, la seconde que le vingtième, et la troisième et dernière que le trentième. Point de doute que,
si j'eusse employé une chaleur artificielle de vingt degrés, toutes les phases de cette éducation n'eussent
pu être abrégées d'environ moitié. Quoi qu'il en soit,
son résultat a été que les trois cinquièmes seulement
des vers ont fait des cocons dont il fallait quatre cent
vingt pour peser une livre, et dans lesquels il n'y avait
que cinq cocons jaune nankin par cent. Tous les autres
étaient d'un blanc pur sans aucun mélange. J'attribue à
la longueur de l'éducation et au mauvais temps qu'il a

fait pendant sa durée le faible poids des cocons que j'ai
récoltés, et qui se sont trouvés presque d'un quart
moins pesants que ceux des vers de trois mues de l'année précédente. Ce que cette expérience présente de sin-
gulier, c'est que ces vers ont conservé la faculté de ne
faire que trois mues, de même que leurs mères, et que
les dix-neuf vingtièmes de leurs cocons se sont trouvés
parfaitement blancs, ainsi que l'étaient les cocons de
leurs pères, au lieu d'être à peu près en même nombre
blancs et jaunes, ou participant des deux couleurs,
ainsi que le dit le livre chinois.

Deuxième expérience. Aux mêmes époques qui
viennent d'être dites, j'ai fait la même expérience,
mais dans un sens inverse, en prenant trente papillons
femelles *sinas* que j'ai fait féconder par des mâles appar-
tenant à des vers de trois mues à cocons jaunes. Les vers
provenant des œufs de deux femelles et dus à cette nouvelle combinaison ont été élevés au printemps de 1838,
en même temps que ceux qui font le sujet de l'expérience précédente, et voici les résultats qu'ils ont donnés :
L'éducation a duré quarante-trois jours en tout, ou un
jour de moins que la précédente, et le produit en a
été, sous tous les rapports, plus considérable. Les trois
quarts des vers ont fait des cocons, et le poids de ces
derniers a été sensiblement plus fort que dans l'expérience précédente, puisqu'il n'en a fallu que trois cent
cinquante-huit pour peser une livre. Quant aux couleurs
des cocons, elles ont été à peu près dans les mêmes proportions que pour les vers qui provenaient de la fécondation opérée par les mâles blancs sur les femelles
jaunes ; car il y a eu seulement quatre pour cent de

cocons de cette dernière couleur, et tout le reste a été blanc. Avant de terminer cette observation, je ferai remarquer que, dans ces deux éducations faites en même temps, dans la même chambre, avec une nourriture semblable, avec les mêmes soins, tout enfin étant semblable, il se trouve cependant une dissemblance notable entre les produits. Dans la première, les deux cinquièmes des vers sont morts sans rien produire; dans la seconde, il n'y en a eu que le quart. Dans la première, il a fallu quatre cent vingt cocons pour peser une livre, et trois cent cinquante-huit ont suffi, dans la seconde, pour faire le même poids. Je ne vois pas quelle explication on pourrait chercher à donner de cette différence ; et il me semble que, ne pouvant la trouver, il faut reconnaître que la nature se joue de nos combinaisons, et qu'il n'y a d'autre cause de cette différence que l'impossibilité de trouver ici-bas une parfaite égalité entre deux êtres de la même espèce, égalité qui ne peut pas plus exister pour les vers à soie que pour les autres créatures.

Dans le courant de l'automne de 1837 et de l'hiver qui a suivi, j'ai donné des œufs provenant des deux sortes de croisements dont je viens de parler à plusieurs personnes, et particulièrement à M. Robinet, qui, quant aux couleurs, a obtenu le même résultat que moi, la plus grande partie de ses cocons ayant été d'un beau blanc.

Troisième observation. Au mois de juin 1838, je donnai, à une dame qui voulait s'amuser à élever des vers à soie, huit à neuf cents de ces insectes, quelques jours après leur sortie de l'œuf. J'ai négligé de remar-

quer s'ils provenaient des femelles à cocons jaunes fécondées par des mâles à cocons blancs, ou de femelles et de
mâles dont les couleurs fussent dans un ordre opposé ;
mais ils appartenaient certainement à l'un ou à l'autre de
ces croisements, que j'ai suffisamment expliqués plus
haut. L'éducation fut faite un peu négligemment, quant
au nombre des repas et à la quantité de feuilles qui les
composaient ; ensuite, dans le lieu où les vers étaient
placés sans feu, ils furent souvent exposés aux alternatives
d'un changement brusque de température, et ces deux
causes firent que ces derniers vers ne firent leurs cocons
que plus tard encore que les miens. Mais ce que ces cocons présentèrent de remarquable, c'est qu'il n'y en eut
pas un seul d'un blanc pur, ainsi que l'avaient été la
plus grande partie des miens ; ils furent tous, et à peu
près en égale proportion, d'un blanc verdâtre ou, plus
exactement, couleur de soufre, et d'un jaune d'or, au
lieu d'être d'un jaune nankin ou roussâtre, ainsi que
l'étaient les premiers cocons. Ce changement de couleur me paraît tout à fait extraordinaire et fort difficile,
sinon impossible à expliquer.

Ce que ces trois observations présentent d'ailleurs de
remarquable, c'est que les nouveaux vers ont subi un
changement notable dans la couleur des cocons qu'ils
ont faits, puisque plus des dix-neuf vingtièmes, dans
les deux premières observations, ont passé du jaune au
blanc, et que, dans la troisième, ils n'ont rien conservé
de leurs couleurs primitives, soit blanche, soit jaune-
nankin, et sont passés à la couleur de soufre et au jaune
d'or. Ensuite, tous les vers qui me sont nés de ces croisements, qu'ils dussent l'existence à des pères ou à des

mères de quatre mues, ont conservé la faculté d'accomplir, en trois mues seulement , les différentes phases de
leur existence ; mais les œufs pondus par les nouvelles
femelles , dans les mois de juillet et d'août derniers,
n'ont point éclos en partie quinze jours après la ponte ,
comme cela était arrivé l'année d'avant à ceux pondus
par des femelles de trois mues qui s'étaient accouplées
avec des mâles de leur race. Aucun de ces nouveaux
œufs n'a remué , et tous , aujourd'hui 31 décembre
1838 , paraissent devoir se conserver sans éclore jusqu'au printemps prochain.

J'ai déjà donné, à plusieurs éducateurs de vers à soie,
des œufs de cette nouvelle race de trois mues, qui, pour
le beau blanc de ses cocons, approche beaucoup du
sina, en les engageant d'en faire de nouveaux essais et
d'en entreprendre des éducations de comparaison avec
les vers de quatre mues. Je ne doute point qu'en donnant aux vers qui proviendront de ces œufs tous les
soins, que je n'ai pas toujours pu leur donner aussi
exactement que je l'eusse désiré, on ne parvienne à
améliorer cette race sous le rapport du poids des cocons
et sous celui de leur nombre comparativement aux vers
sortis des œufs.

Au reste, pour terminer ce que j'ai à dire des vers à soie
de trois mues, il paraît, d'après le livre de M. Stanislas
Julien, que les Chinois en élèvent beaucoup, puisqu'il
en est fait mention aux pages 93, 94, 112, 125, 128,
132 et 142 de cet ouvrage. On pourrait même croire,
d'après l'observation que l'auteur fait à la page 114, que
ces vers sont plus répandus à la Chine que ceux de
quatre mues. Voici cette observation : « L'extrait qui

précède se rapporte aux vers à soie de quatre mues, dont l'éducation dure plus longtemps que celle des vers à soie ordinaires, c'est-à-dire des vers à soie de trois mues. » Si ces derniers sont ordinaires à la Chine, n'en peut-on pas conclure, ce me semble, qu'ils sont communs dans cette contrée, s'ils ne sont même les plus répandus ?

J'insiste donc auprès des éducateurs de vers à soie, afin qu'ils multiplient les expériences et les observations sur les vers à trois mues, et pour qu'ils nous fassent connaître les avantages et les inconvénients qui peuvent être attachés aux éducations de cette race.

§ II. *D'une nouvelle espèce de ver à soie.*

Le 3 août 1838, M. Nivoy, élève de M. C. Beauvais, me donna un certain nombre de vers à soie d'une race particulière, qu'il me dit avoir été envoyée de la Chine au ministère du commerce, par M. Hébert, et dont une éducation avait déjà été faite à l'École spéciale des bergeries de Senart. Les vers que M. Nivoy me donna provenaient de cette première éducation, faite pendant le mois de juin précédent, et d'œufs qui, pondus du 17 au 19 juillet, venaient d'éclore douze à treize jours après. M. Nivoy m'avait prévenu que ces vers étaient beaucoup plus petits que ceux de la race ordinaire, qu'ils faisaient des cocons trois fois plus petits, mais que, d'ailleurs, ils étaient de même à quatre mues. Je donnai, à compter du 3 d'août, tous mes soins à l'éducation de ces vers, et je vais faire connaître les résultats que j'ai obtenus.

A la température ambiante, la première mue de ces

nouveaux vers s'est accomplie le neuvième jour après celui de leur naissance; la seconde, le quinzième; la troisième, le vingtième, et la quatrième, le vingt-sixième; mais cette dernière, surtout, en laissant un certain nombre de retardataires.

Le trentième jour de l'éducation, j'emportai mes vers à la campagne, à vingt lieues de Paris; sur deux cents que j'avais eus vivants dans les premiers jours, il ne m'en restait plus alors que cent soixante-quatre. Deux jours après, ou le 3 septembre, les vers les plus avancés commencèrent à quitter la litière pour se mettre à faire leurs cocons : ils avaient alors vingt-quatre lignes de longueur et pesaient seulement trente à trente-un grains. En changeant de peau à chacune de leurs mues, ils avaient constamment offert des couleurs différentes de celles qui sont propres aux vers de la race commune. Après leur quatrième mue, le fond de leur peau était blanc, avec beaucoup de taches brunâtres régulièrement répandues sur les différentes parties de leur corps. Au moment de quitter la litière, lorsqu'ils se disposaient à commencer leurs cocons, ils devenaient, en général, très-luisants, quelques-uns prenaient une teinte bleuâtre, mais je remarquai que presque tous ceux qui prirent cette nuance moururent avant de faire leur cocon. La température, dans la chambre où je tenais mes vers, n'avait été, dans les derniers jours d'août, que de seize à dix-neuf degrés, et elle tomba même entre quatorze et dix-sept dans les premiers jours de septembre. Mes vers parurent, dès lors, en souffrir beaucoup, et, quoique les plus avancés eussent commencé leurs cocons le 3 de septembre, les derniers ne s'y mirent que le 10 de ce mois , et encore il y avait, le 11, six vers retardataires très-languissants qui furent abandonnés.

Enfin je n'obtins, des cent soixante-quatre vers qui vivaient encore le 1er septembre, que soixante-dix-huit cocons parfaits et treize plus ou moins défectueux, tout le reste mourut avant et surtout durant la montée, et les soixante-dix-huit cocons ne pesaient ensemble que douze gros et trois grains, c'est-à-dire qu'il en eût fallu environ huit cent trente pour peser une livre poids de marc. Ces cocons sont d'ailleurs couleur de soufre, très-mous et ne paraissent, pour ainsi dire, composés que de bourre. Il est très-douteux que les meilleures fileuses pussent parvenir à en tirer la soie.

Outre les deux cents vers dont je viens de parler, j'en donnai, le 15 août, cent vingt de cette même race à M. Davril qui, ayant fait des plantations de mûrier assez considérables, se propose de se livrer, très-prochainement, à des éducations. M. Davril n'a pas été plus heureux que moi ; car ses cent vingt vers ne lui ont donné que quarante cocons tout aussi petits que les miens, et ne pesant en tout que six gros, ce qui nécessiterait huit cent cinquante de ces cocons pour faire le poids d'une livre.

Comme M. Nivoy m'avait prévenu que les œufs pondus par les papillons de cette race éclosaient une douzaine de jours après la ponte, je cherchai, en exposant les chrysalides renfermées dans les cocons à une basse température, à prolonger le moment où elles se métamorphoseraient en papillons. Mais, malgré la précaution que je pris d'exposer les cocons au froid des nuits, pendant lesquelles le thermomètre ne marqua, plusieurs

fois, que deux à trois degrés au-dessus de o, les papillons commencèrent à se faire jour le 3 et le 4 octobre,
au moment où d'autres affaires m'empêchèrent de m'occuper de ces observations, de sorte que, le 8 et le 9 suivants, lorsque j'eus le temps de regarder où en étaient
mes cocons, je trouvai qu'une partie des papillons en
étaient sortis, et que les femelles s'étaient mises à faire
leur ponte, probablement sans s'être accouplées, car
tous les œufs qu'elles firent se sont affaissés depuis, sans
qu'il en soit sorti un seul ver. Au reste, trente-un papillons seulement ont percé leurs cocons, et il n'est rien
sorti des quarante-sept autres. J'ai pu croire d'abord que
les chrysalides de ces derniers se métamorphoseraient
plus tard; mais ayant ouvert depuis plusieurs des cocons
qui les renfermaient, je les ai trouvées desséchées, ou
quelques-unes d'elles imparfaitement changées en papillons.

M. Davril ayant pu suivre plus exactement que moi
la sortie des papillons de ses cocons, et les ayant d'ailleurs constamment gardés dans l'intérieur de la chambre,
il est sorti, du 21 au 23 septembre, de ses quarante
cocons, vingt-trois papillons, dont neuf femelles qui
ont pondu, après un accouplement de huit heures,
chacune deux cent quarante à deux cent cinquante œufs
très-petits, lesquels sont restés de couleur paille ou
jaune clair, jusqu'au 3 octobre, époque où l'éclosion
commença à se faire pressentir par le changement de
couleur de ces œufs, qui devinrent alors d'un gris
bleuâtre, en conservant toujours, dans le contour de leur
coquille, un cercle jaune clair. Les 10, 11 et 12 du même
mois, l'éclosion de ces œufs eut lieu en totalité à la

température intérieure de dix à douze degrés; mais
M. Davril, qui avait reconnu qu'on ne pourrait guère
tirer aucun parti des cocons de cette race, et qui n'avait
pas d'ailleurs l'espoir de pouvoir en élever les vers à
cause de la saison trop avancée, n'entreprit pas de les
nourrir et les abandonna.

D'après ce que je viens d'exposer sur le petit ver à
soie, dont les œufs ont été envoyés de Chine en France
au printemps de 1838, par M. Hébert, je crois qu'on
doit le regarder comme une nouvelle espèce de *bombyx*.
Cette espèce est plus délicate que celle du ver à soie ordinaire, et quoiqu'elle soit à quatre mues comme ce
dernier, elle accomplit toutes ses phases, à l'état de larve,
en cinq à six jours de moins. Les œufs pondus par les
papillons femelles ont la faculté, lorsqu'ils ont été fécondés, d'éclore en totalité une douzaine de jours après
avoir été faits, ce qui pourrait permettre d'entreprendre, chaque année, six à huit éducations des vers de
cette race dans les pays où la végétation des mûriers
ne serait pas interrompue. Probablement originaire
des parties méridionales de la Chine, elle ne paraît pas
pouvoir s'accommoder d'une température peu élevée.
Si ses œufs ont pu éclore à dix et douze degrés, les vers
dans l'âge adulte ont été languissants à quatorze et
quinze, et, au même degré, la métamorphose des papillons ne s'est accomplie qu'imparfaitement et seulement en partie. Le cocon que cette race produit est
excessivement faible, presque quatre fois moins pesant que celui de la race commune, de sorte que je
ne pense pas que l'industrie puisse jamais en tirer
quelque parti; et je crois que ce nouveau ver à soie

n'intéressera que les entomologistes. On ne trouve rien sur cette espèce dans le *Résumé* de M. Julien, à moins qu'il ne faille lui rapporter ce qui suit de la page 89 : « Dans le district de *Nan-yang*, les vers à soie forment leurs cocons huit fois l'an. »

§ III. *Des vers à soie à cocon pédiculé et autres.*

Les vers à soie à cocon pédiculé appartiennent, de même que les espèces ou variétés dont je viens de m'occuper, au genre *bombyx*; mais ils s'en distinguent par la consistance beaucoup plus dure de leur cocon, et surtout par le pédicule particulier sur lequel le cocon est porté. L'Inde est la patrie de ces insectes, dont le plus remarquable est celui de la chenille (fig. 1) qui produit le papillon nommé par Linné *phalæna paphia*, et par Fabricius *bombyx mylitta*. Ce que le cocon (fig. 2) de cette espèce présente de plus extraordinaire et de plus merveilleux, c'est qu'avant de le faire, le ver fabrique le pédicule qui le supporte et l'attache, par une sorte d'anneau assez régulièrement circulaire, à un rameau de l'arbre sur lequel il a vécu. Aussi doit-on croire que les chenilles de cette race ne pourront jamais être réduites en domesticité complète, comme le ver à soie ordinaire, mais qu'il faudra toujours les laisser vivre en liberté sur les arbres, ainsi qu'on le fait dans l'Inde. Ces chenilles n'existant, d'ailleurs, à l'état de larve que pendant six semaines ou environ, et se renfermant ensuite dans leur cocon pour y passer l'automne, l'hiver, et une partie du printemps, il m'a paru qu'il ne serait pas impossible de les faire vivre dans les parties les plus chaudes de la

Provence, du Languedoc, de l'île de Corse et surtout de
notre colonie d'Alger, si les arbres de la feuille desquels
elles se nourrissent peuvent être plantés en pleine
terre dans ces contrées. Ces arbres sont, dans l'Inde,
le badamier, *terminalia alata*, et une espèce de jujubier, *rhamnus jujuba*. Si ces arbres pouvaient effectivement s'acclimater dans les pays que je viens de citer,
je crois que, puisque les chrysalides demeurent neuf à
dix mois dans leur cocon, il serait facile de les transporter en France pendant ce temps, aussitôt qu'on se
serait procuré assez d'arbres pour suffire à la nourriture
des vers.

Lorsqu'on en serait arrivé là, voici la méthode que je
proposerais, laquelle est celle que les Chinois emploient
pour les vers à soie qu'ils appellent sauvages. Les cocons transportés de l'Inde dans le midi de la France, ou
à Alger, seraient conservés dans une chambre, à l'abri
des gelées, jusqu'au moment où les papillons en sorti-
raient au milieu du printemps. On ferait alors accoupler les mâles avec les femelles, au fur et à mesure de
leur sortie, et lorsque les dernières seraient fécondées,
on pourrait donner la liberté aux premiers. Les femelles
seraient, au contraire, retenues, et elles s'y prête-
raient volontiers, parce que la grosseur de leur abdomen
leur rend le vol très-difficile, et que naturellement
elles ne peuvent s'éloigner que fort peu de l'arbre
sur lequel elles sont nées. On ferait pondre ces femelles sur du papier ou sur des morceaux d'étoffes,
et on conserverait dans la chambre, jusqu'au moment de l'éclosion, leurs œufs qui doivent éclore au
bout de vingt à vingt-cinq jours. Aussitôt que les pe-

tits vers seraient nés, on les transporterait et on les distribuerait convenablement sur les branches des arbres, où ils devraient chercher eux-mêmes leur nourriture. Il faudrait seulement que les plantations de badamier et de *rhamnus jujuba* fussent faites à portée des habitations et de manière qu'on pût facilement surveiller les chenilles pendant tout le temps qu'elles vivraient sur les arbres, en éloignant d'elles les oiseaux qui voudraient en faire leur proie et les espèces d'insectes qui pourraient leur nuire. La surveillance cesserait du moment que les vers auraient fait leurs cocons, dont il ne faudrait plus que faire la récolte sur les arbres, et en conserver un certain nombre pour avoir de la graine. On tirerait la soie des autres pour en fabriquer des étoffes. C'est ainsi que les Chinois élèvent trois espèces de vers, qu'ils nomment vers à soie sauvages, et dont leur industrie sait tirer parti, quoique, d'ailleurs, la soie ordinaire soit très-commune chez eux.

Le cocon de ce bombyce est de la grosseur d'un petit œuf de poule et très-riche en matière soyeuse, dont il contient sept à huit fois plus que les cocons de nos vers à soie ordinaires. On trouve les cocons de cette espèce dans plusieurs parties du Bengale et des provinces voisines. Les Indiens savent, depuis un temps immémorial, les dévider en les faisant bouillir préalablement dans une sorte de lessive qui enlève la substance glutineuse d'une nature particulière (1) qui enduit les fils, surtout

____

(1) D'après l'examen chimique et microscopique que M. Payen, mon collègue à la Société royale et centrale d'agriculture, a bien voulu faire de ce cocon, son pédoncule est formé de la substance soyeuse qui compose le cocon lui-même, et de la partie filamenteuse qui l'en-

extérieurement. Ils en tirent une sorte de soie d'un
jaune un peu roussâtre, et presque aussi lustrée et aussi
brillante que le fil de la chenille du mûrier. Ils en fabriquent des étoffes qui sont d'une durée peu commune, et qui sous ce rapport l'emportent peut-être sur
tous les autres tissus analogues.

M. Lamarepicquot avait apporté en France, il y a
neuf ou dix ans, un certain nombre de ces cocons, mais
arrivés au milieu de l'hiver, les papillons qui en sont
sortis ne sont venus à la lumière que les uns après les
autres, et n'ont pu se reproduire. Quand bien même,
d'ailleurs, on eût pu en avoir des femelles fécondes, on
ne possédait, au Jardin du Roi, aucun des arbres dont les
feuilles eussent pu servir à nourrir les vers au moment
où ils seraient éclos. Ce bombyce a aussi été transporté
deux fois à l'île Bourbon; des vers sortis des œufs qui
y avaient été pondus par les papillons y sont nés;
mais M. Bréon, directeur du jardin botanique de cette
île, et auquel ils avaient été confiés, les a vus mourir
faute de pouvoir leur trouver une nourriture qui pût
leur convenir. Il est donc essentiel de transporter d'a-
bord dans nos colonies, ou dans nos provinces du Midi,
les arbres dont l'insecte mange les feuilles.

Les personnes qui désireraient plus de détails sur
cette espèce de vers pourront consulter, 1° un mémoire du docteur William Roxburgh, dans le 7e vol. des

---

veloppe, laquelle contient des proportions plus fortes que le reste du
cocon, d'une matière glutineuse dont la nature n'est pas encore déterminée.

D'après un essai que j'ai fait, cette matière glutineuse m'a paru être
en partie soluble dans l'eau de savon bouillante.

Transactions de la Société Linnéenne de Londres,
p. 133 et suiv. ; 2° un mémoire de M. Lamarepicquot,
présenté à l'Académie royale des sciences, et imprimé
par extrait dans le cahier de mai du *Bulletin des sciences agricoles et économiques*, dirigé par M. le baron de
Férussac ; 3° le mémoire intitulé : *Mûriers et vers à
soie*, 1832, chez Mme Huzard, p. 61 et suiv.

Le capitaine Vaillant, commandant de *la Bonite*, a
rapporté, en décembre 1837, de Calcutta en France, lors
de son voyage de circumnavigation, un nouveau cocon
pédiculé (fig. 3) qui diffère de celui que M. Lamarepicquot nous avait fait connaître précédemment, en ce qu'il
est moitié plus petit ; sa grosseur n'étant guère que celle
d'un très-gros cocon de ver à soie ordinaire ou celle d'un
cocon double. Mais sa principale différence consiste en ce
que son pédicule n'est pas terminé à sa base par un anneau. Ce pédicule m'a, d'ailleurs, semblé être composé
d'une substance soyeuse et filamenteuse mêlée à une sorte
de matière glutineuse très-analogue, et peut-être même
semblable à celle du cocon à anneau, si ce n'est que l'insecte de celui qui est privé d'anneau m'a paru, pour former la charpente du pédicule de son cocon, employer le
pétiole d'une feuille qu'il revêt en entier de sa substance
filamenteuse enduite de la matière glutineuse noirâtre.
Ce pédicule, qui n'a guère qu'un pouce de longueur, se
termine à la base du cocon par une expansion fibroso-
soyeuse, qui se divise en un réseau très-délié, irréguliè-
rement tissu, et enveloppant tout le cocon, absolument
de la même manière que dans celui dont le pédicule est
terminé en anneau. Ce réseau tient lieu de la bourre lâche des cocons de nos vers à soie ordinaires, mais il en

différe essentiellement, en ce que ses filaments, au lieu
d'être lâches et mous, sont intimement appliqués sur le
cocon lui-même, qui est aussi dur que celui du cocon à
anneau, et dont l'épaisseur est d'un quart à un tiers de
ligne. Le cocon lui-même, sans le réseau, est d'un blanc
sale ou légèrement roussâtre. Sur dix de ces cocons que
j'ai vus, chez M. Audouin, professeur d'entomologie, au
Jardin du Roi, il y en avait un sur l'un des côtés duquel adhérait encore un morceau de feuille, ce qui
prouve, selon moi, que la chenille se sert d'une feuille
qu'elle recroqueville convenablement pour y fixer le
réseau de son cocon, qui forme, pour ainsi dire, la charpente extérieure de tout son édifice. Il est, d'ailleurs, in-
dubitable que c'est le pétiole d'une feuille qui fait la
partie solide du pédicule de son cocon, car M. Audouin
est parvenu à retirer de l'un de ces pédicules un véritable pétiole entier, après quoi ce pédicule n'est resté
composé que d'une sorte de matière fibreuse, ayant en
quelque sorte la forme d'une gaîne, qu'on peut, jusqu'à
un certain point, prendre pour une modification de l'anneau qui sert de base au pédicule du cocon du *bombyx
mylitta.*

Quoi qu'il en soit, ce second ver à soie à cocon pédiculé est connu au Bengale sous le nom de *kôler-poka,*
parce que *poka* est le nom générique des vers à soie
dans ce pays, et que *kôl* est le nom bengali du massonier, arbre sur lequel vit cette espèce de ver. On emploie, au Bengale, la matière soyeuse qu'on retire du
cocon du *kôler-poka* pour faire des étoffes légères, qui
pour la couleur ressemblent beaucoup au nankin des In-
des, et qui, pour l'apparence du tissu, se rapprochent assez

de la batiste écrue. On en fabrique de plusieurs qualités qui ne diffèrent guère que parce qu'elles sont plus ou moins fines. C'est au moins ce que j'ai pu conjecturer par quatre échantillons de ces étoffes, que M. Gaudichaud a bien voulu me donner. M. Gaudichaud a aussi rapporté du Bengale des fruits de massonier, qui ont bien levé au Jardin du Roi, où j'en ai vu plusieurs pieds dans les serres chaudes dirigées par M. Neumann. On sera donc bientôt en mesure de transporter en France l'insecte lui-même, et l'on pourra essayer de l'élever par les mêmes procédés que j'ai conseillés plus haut pour la chenille du *bombyx mylitta*.

Dans un mémoire manuscrit sur les vers à soie du Bengale, écrit par M. Guérin, curé de Chandernagor, et que M. le capitaine Vaillant a eu la complaisance de me communiquer, cet ecclésiastique dit que le *kól* ou massonier pourrait prospérer dans les terrains sablonneux et pierreux de la Provence, et qu'il viendrait même dans le Nord. Lorsque cet arbre sera assez multiplié par les soins de M. Neumann, ce seront des essais à faire. Le massonier est une espèce de jujubier (*zizyphus*), dont les fruits sont bons à manger, d'après ce qui m'a été dit par M. Neumann. Je tiens aussi du même que déjà trois pieds de cet arbre ont été envoyés du Jardin du Roi à Alger, à la Guadeloupe et à la Martinique. On pourrait, d'ailleurs, en tirer de nouvelles graines du Bengale, ainsi que du *terminalia alata* et du *rhamnus jujuba* que le Jardin du Roi ne possède pas encore.

Mais, comme deux de ces arbres, le massonier et le *rhamnus jujuba*, appartiennent à la famille des rhamnoïdes ou nerpruns, ne pourrait-on pas, dès qu'on se serait procuré en France des insectes vivants des deux espèces de vers à soie qui produisent les cocons dont il est ici question, essayer de les nourrir avec les feuilles des nerpruns et des jujubiers qui croissent naturellement chez nous, ou qui y sont déjà cultivés en pleine terre?

Je ne doute pas que, dans l'état avancé de notre industrie, nos fabriques ne trouvassent des matières premières avantageuses à exploiter dans les nouveaux fils soyeux qu'on retirerait des deux espèces de cocons dont je viens de parler. Nos manufacturiers en feraient d'abord des tissus semblables à ceux que fabriquent déjà les Indiens, et l'art trouverait bientôt à les varier de diverses manières qui offriraient un nouvel aliment au commerce et au luxe. Je regarde aussi comme à peu près certain qu'en mettant en pratique les moyens que j'ai conseillés pour élever les larves de ces deux espèces de bombyces, il ne fût facile de les réduire à un état de demi-domesticité et de les acclimater en partie.

M. Audouin a bien voulu me communiquer une troisième sorte de cocon pédiculé (fig. 4), qui a été recueillie au Sénégal par M. Roger, et qui est produite par une espèce de papillon nommée *saturnia Bauhiniæ*. Ce cocon, qui est à peu près de la grosseur de celui du kôler-poka, a son pédicule terminé à sa base par un anneau très-petit, mais bien distinct. Les principales différences qu'il présente, comparé aux deux précédents, c'est que l'anneau et le pédicule lui-même, au lieu d'être composés de fibres plus grossières et plus dures, paraissent formés d'une matière soyeuse semblable à celle qui constitue le cocon proprement dit, laquelle matière soyeuse est d'une cou-

leur fauve claire , et serait probablement susceptible de
donner un fil analogue à celui des précédents. La personne qui a recueilli ce cocon au Sénégal n'a transmis
d'ailleurs aucun renseignement particulier à M. Audouin.

L'abbé Rochon, qui visitait l'île de Madagascar, vers
1768, et dont le voyage a été publié en 1791, rapporte
qu'il a reconnu, dans cette île, quatre espèces de cocons
qui donnent de la soie de bonne qualité. Les deux premières espèces paraissent appartenir à l'une ou l'autre
des variétés de nos vers à soie ordinaires ; mais la troisième en diffère beaucoup, et me semble devoir être rapportée à la division des cocons pédiculés. Voici ce qu'en
dit l'abbé Rochon, page 102 de son Voyage : « L'arbre
qui se nomme *anacau* est couvert, dans une certaine
saison de l'année, de petits cocons qui, suspendus par des
filaments, tiennent à ses feuilles et à ses branches. La
soie qu'on retire de ces cocons est d'une force et d'une
finesse extrêmes ; mais, pour dévider cette soie et la rendre d'un bon usage, il faudrait préserver les cocons des
ordures qui tombent des feuilles et des branches. Ces
cocons sont connus sous le nom de l'*andé-anacau*. »

La quatrième espèce de soie de Madagascar n'est pas
susceptible d'être dévidée, selon l'abbé Rochon. Les
Malegaches la nomment l'*andé-saraha* ; elle a la forme
d'un sac qui enferme plusieurs centaines de petits cocons.

Je ne sache pas que, depuis l'abbé Rochon, personne ait reparlé de ces espèces de vers à soie de Madagascar ; cependant elles me paraissent mériter l'attention
des voyageurs et des naturalistes.

M. Arago a communiqué à l'Académie royale des
sciences, dans la séance du 10 novembre 1834, une
lettre de M. Manuel Maria Quijano, de Bogota, par laquelle il lui annonce avoir trouvé, dans la province de
Casanare, un ver renfermé dans des cocons semblables
à ceux qui donnent la soie en Asie et en Europe.—La
structure, l'aspect et le produit sont les mêmes que ceux
des cocons qu'on recueille dans l'ancien monde. Une
partie de ces cocons était vide, l'autre était remplie de
chrysalides parfaitement formées; au nombre de dix-
huit environ dans chaque enveloppe. Le volume des
cocons est quatre fois plus grand que celui des cocons
européens.

Le brin de la soie est beaucoup plus fin et plus moel-
leux que celui de la bourre. Cette soie est de couleur
blanche, brillante et lustrée; la bourre en est légèrement teinte en jaune. Tous les cocons vides étaient salis
par une matière gommeuse que l'insecte parfait rejette
quand il abandonne sa prison.

Outre que les cocons sont plus gros que ceux d'Europe, un grand nombre de vers se réunissent pour travailler en commun, mais ensuite chacun forme son
cocon séparément pour se transformer en chrysalide.
M. Quijano ne peut pas assurer encore d'une manière
précise la classe à laquelle appartient l'arbre sur lequel il a trouvé ces insectes; mais il est fondé à croire
qu'il appartient à la famille des myrtes, ce qui serait fort
avantageux pour la Nouvelle-Grenade où abondent les
végétaux de cette famille.

La période de la carrière du ver de Casanare est d'une
année. La chrysalide se transformé en papillon, en

décembre, et dépose ses œufs au milieu de la matière glutineuse qui les préserve des intempéries de l'air. Ces œufs éclosent en juillet, et le ver grossit et s'alimente jusqu'en octobre ou novembre, époque à laquelle il forme son cocon.

Cette note laisse beaucoup à désirer ; elle ne contient pas de notions assez positives sur la nature de la soie qu'on pourrait retirer des cocons découverts dans la Nouvelle-Grenade par M. Quijano, et je ne sache pas que M. Arago ait reçu de nouvelles communications à ce sujet. Malgré cela, j'ai cru devoir appeler l'attention des naturalistes et des industriels sur cette nouvelle espèce de vers à soie, en consignant ici ce que M. Arago en a fait connaître.

SIXIÈME PARTIE.

ÉDUCATIONS A L'AIR LIBRE. — LONGUEUR DU FIL D'UN VER A SOIE. — OBSERVATIONS DIVERSES.

§ Ier. *Éducations à l'air libre.*

La question des éducations de vers à soie à l'air libre a été traitée plusieurs fois. Boissier de Sauvages en parle assez longuement à la page 45 et suivantes de son ouvrage (1). Toutes les expériences qu'il fit à ce sujet, en plaçant les vers sur les mûriers, ne réussirent en aucune manière, et selon cet auteur les essais faits par un curieux à Montpellier, sous les yeux des commissaires des états de la province, pendant deux années de

______

(1) L'Art d'élever les vers à soie ; nouvelle édit., Avignon, 1788.

suite, n'eurent de même aucun succès, quoique les vers n'eussent pas été placés sur les arbres mêmes, mais sous un appentis qui les mettait à couvert de la pluie.

D'un autre côté, M. Nowach, de Zara en Dalmatie, a fait, en 1825, 1826 et 1827, de nouvelles tentatives qui, si elles n'ont pas réussi complétement, ont au moins prouvé que, dans le pays où vivait l'auteur de ces expériences, il y avait possibilité de faire vivre des vers à soie en plein air sur les mûriers et d'en obtenir un certain nombre de cocons.

Une première fois, six à sept mille vers, que M. Nowach mit ainsi sur les arbres, ne lui donnèrent que deux cent trente à deux cent quarante cocons. Une seconde fois, deux mille vers firent six cent quatre-vingt-quatre cocons. Dans une troisième expérience, huit mille vers produisirent deux mille six cent un cocons. Une quatrième fois, M. Nowach, après avoir mis huit à neuf mille vers sur un certain nombre de mûriers, ne trouva, lors de la récolte, que sept cent vingt-huit cocons. Enfin quatorze à quinze cents vers éclos du 18 au 19 mai 1827 ont fourni cinq cent trente-quatre cocons, ce qui fut, avec celui de la seconde expérience, le meilleur produit, puisqu'il n'y eut pas tout à fait perte des deux tiers, tandis que, dans la première et dans la quatrième, la perte fut des $7/8^{es}$ et même des $11/12^{es}$. Ces cocons récoltés en plein air étaient, d'ailleurs, selon l'expérimentateur, très-pesants et d'une excellente qualité; mais la pesanteur de ces cocons ayant été exprimée en poids usités en Autriche, dont la correspondance avec les nôtres ne m'est pas connue, et le traducteur (1) paraissant, d'ailleurs, avoir fait des

______

(1) Voyez les *Annales de l'agriculture française*, 3ᵉ série, vol. 11, p. 87 à 91.

erreurs à ce sujet, je ne puis guère tirer de conclusion des éducations que M. Nowach a faites à l'air libre ; je dirai seulement qu'elles lui ont valu un prix proposé sur ce sujet par un noble seigneur autrichien.

Les expériences de M. Nowach paraissant, jusqu'à un certain point, contradictoires avec celles de Boissier de Sauvages, je résolus, quoique placé moins avantageusement que ce dernier à Montpellier, et que le premier à Zara, de faire aussi quelques expériences pour essayer d'éclaircir un fait qui n'était pas sans intérêt. Voici quels ont été les résultats de mes tentatives.

Un an ou deux avant 1830, je ne me souviens pas bien quelle année, je plaçai dans les premiers jours de mai, sur deux mûriers en plein vent de l'école d'arboriculture du Jardin du Roi, environ trois cents vers à soie qui venaient d'éclore. Vingt jours après, les vers avaient peu grossi et étaient devenus rares sur les arbres; quinze autres jours plus tard, je ne pus en retrouver un seul.

Après cette tentative infructueuse, il se passa sept à huit ans sans que j'eusse envie de la renouveler; mais en 1836, et dans les premiers jours de juin, je plaçai dans la même école une vingtaine de vers à soie nés de la veille, sur un mûrier isolé, et deux cents autres sur une haie de mûriers. Dix jours après, les premiers, à deux ou trois près, étaient encore en même nombre, ils avaient sensiblement grossi et avaient déjà fait leur première mue depuis trois à quatre jours. Quant aux seconds ou aux deux cents autres, ils étaient aussi en bon état ; mais ils me parurent sensiblement diminués de nombre. Dans les premiers jours de juillet ou environ trente jours

après que les vers avaient été abandonnés à l'air libre,
je n'en trouvai pas un seul, soit sur le mûrier isolé,
soit sur la haie. M. Dalbret, aux soins duquel est con-
fiée cette partie des cultures du Jardin du Roi, me dit
à ce sujet que c'était probablement au nombre trop
considérable d'oiseaux qui habitaient les différents
bosquets de cet établissement, qu'il fallait attribuer la
disparition de mes vers, et que, pour les préserver d'être
désormais dévorés par les oiseaux, il faudrait envelop-
per d'une toile ou d'un filet les arbres sur lesquels je
les placerais.

La même année, je fis les deux expériences qui suivent.
Le 29 juin, à cinq heures de l'après-midi, au moment
où les vers à soie que je destinais à différentes expériences annonçaient qu'ils ne tarderaient pas à faire
leurs cocons, j'en pris un cent que je plaçai sur une
fenêtre au nord-est, le thermomètre marquant alors
23 degrés au-dessus de zéro. Le lendemain, à quatre
heures du matin, la température ambiante n'était plus
qu'à 13 degrés; cependant dix vers étaient montés dans
les rameaux de bouleau disposés pour leur faciliter les
moyens de faire leurs cocons, et ces dix vers les avaient
déjà commencés. Le même jour, 30 juin, le thermomètre dans son maximum remonta à 21° et demi, et
plusieurs vers quittèrent encore la litière. Le 1er juillet, à 4 heures du matin, par 17°, les vers continuaient
à monter, et à 3 heures de l'après-midi, par 23° et demi,
il ne restait plus que vingt-quatre vers qui ne fussent pas
occupés à travailler à leurs cocons, et enfin, le 2 juillet,
par 16°, le matin, et 22 à 3 heures du soir, ce qui restait de vers la veille avait aussi quitté la litière. Cinq

jours après , ou le 7 juillet, je récoltai quatre-vingt-
seize cocons bien conformés. Deux vers moururent sans
achever les leurs , et deux autres sans les avoir commencés. Au reste, ces quatre-vingt-seize cocons pesaient
dans la même proportion qu'un pareil nombre de cocons faits par d'autres vers qui étaient demeurés dans
la chambre.

Le 3 juillet de la même année, la place occupée par les
cent vers dont il vient d'être parlé se trouvant libre, parce
qu'ils étaient tous montés pour faire leurs cocons, je mis,
sur la même fenêtre, cinquante autres vers qui n'étaient
encore qu'au vingtième jour de leur éducation et au
milieu de leur quatrième âge. Tous les jours , excepté
pendant leur dernier sommeil, qui dura deux jours, je
donnai d'abord à ces vers sept repas par jour, et ensuite
huit. Les premiers vers qui commencèrent à quitter la
litière pour filer leurs cocons ne le firent que le 14, et il
fallut jusqu'au 18 inclusivement pour que tous y fussent
occupés. Ces cinquante vers furent, en général, moins
favorisés par la température ambiante que les précédents.
Le thermomètre marqua souvent 10 à 12°, à 4 heures
du matin; dans son maximum il ne s'éleva qu'une fois à
24; et il fut le plus souvent entre 20 et 21. Le 24 juillet, je récoltai les cocons; il ne s'en trouva que trente-
trois dont la consistance et la grosseur étaient, d'ailleurs,
les mêmes que pour d'autres vers qui avaient été tenus
dans la chambre.

- Ayant eu connaissance des nouveaux essais faits en
1837, aux environs de Poitiers, par M. Robinet, pour
élever des vers à soie à l'air libre ou presque à l'air libre, je résolus de faire encore quelques expériences sur

(134)

ce sujet. Mais, comme il m'avait paru que ce qui avait
pu nuire aux précédentes, c'était que les vers avaient eu
souvent à souffrir du froid en mai et juin, je résolus de
retarder mon éducation à l'air libre jusqu'à une époque
de l'année où, dans le climat de Paris, l'atmosphère est
ordinairement plus constamment chaude.

D'après cela, le 28 juin 1838, à huit heures du matin,
je plaçai sur un mûrier à l'air libre, dans l'un des carrés
d'arboriculture du Jardin du Roi, confié aux soins de
M. Dalbret, cent vers à soie nés de la surveille. Le
mûrier, haut d'un peu plus de 6 pieds, fut recouvert dans
toute son étendue, pour défendre les vers des oiseaux,
avec une grosse toile dont le tissu était assez lâche pour
laisser passer facilement l'air et la lumière. Ce jour-là,
il commença à pleuvoir à onze heures du matin, et la
pluie continua tout le reste de la journée.

Jusqu'au 6 juillet, le temps fut assez favorable pour
les vers, et les ayant visités ce jour-là, je trouvai qu'ils
avaient accompli leur première mue.

. Du 6 au 14 juillet, le temps fut encore plus favorable
pour mes vers; puisque le thermomètre monta, certains
jours, à 25 et 26°; aussi ayant revu mes vers, le 14 juillet, je les trouvai en bon état, et entre la seconde et la
troisième mue.

Du 14 au 29 juillet, le temps fut, en général, mauvais;
il y eut des pluies fréquentes qui refroidirent beaucoup
la température, et, à la fin de la nuit du 23 au 24, un
thermomètre *à minima* ne marqua que 7°; aussi, lorsque je revis mes vers, le 29, je les trouvai languissants,
à peine grossis depuis quinze jours. Ils occupaient, en
général, les branches inférieures du mûrier, étant tombés

des supérieures où je les avais placés d'abord, et sur lesquelles je les remis de nouveau ce jour-là.

Du 29 juillet au 10 août suivant, la température fut encore très-variable. Le thermomètre s'éleva trois fois à 22°
dans son maximum, mais quatre fois aussi il fut dans
son minimum, à 10 seulement.

Le 10 août, quarante-cinquième jour de l'éducation, je
retrouvai presque tous les vers, de même que le 29 juillet, sur la partie inférieure des rameaux de l'arbre,
dont ils avaient mangé toutes les feuilles, tandis que
presque toutes les supérieures étaient encore entières, ce
qui m'annonçait qu'ils n'y avaient pas séjourné long-
-temps et qu'ils en étaient promptement tombés; cependant je les replaçai pour la troisième fois sur les feuilles
des rameaux supérieurs.

Le 13 suivant, j'allai de nouveau visiter mes vers,
craignant de les trouver encore tombés des parties supérieures du mûrier sur les inférieures, où il ne restait
plus rien à manger. Effectivement, quoiqu'il n'y eût
alors que trois jours qu'ils eussent été remis sur les
feuilles supérieures encore presque toutes entières, je
les trouvai, à la réserve d'un seul qui avait commencé
son cocon, occupant la partie basse de l'arbre, et,
comme il ne restait pas une seule feuille à manger dans
cette partie, voyant d'ailleurs qu'il n'était pas possible
de maintenir les vers sur la partie élevée de l'arbre
dont ils tombaient toujours, je priai M. Dalbret de vouloir bien mettre à ma disposition un autre mûrier qui
fût plus bas de tige. Nous en choisîmes un autre qui
avait à peine la moitié de la hauteur du premier, et qui
était d'ailleurs très-touffu. Je pris alors tout ce qui me

-restait de vers vivants, au nombre de vingt-neuf seulement, et je les transportai sur le nouveau mûrier, en
les y espaçant convenablement. Tous ces vers étaient
très-inégaux : les uns étaient au deuxième, troisième
ou quatrième jour après leur quatrième mue; les autres
n'en étaient guère encore qu'à la sortie de la troisième.

J'estime que le peu de grosseur des vers, à l'époque de
leur existence où ils étaient alors arrivés, peut, en général, s'expliquer par le froid qu'ils avaient enduré
pendant plusieurs nuits et plusieurs matinées, froid qui
les tenait engourdis et les empêchait de manger. Quant
à leur grosseur inégale, la cause m'en paraît aussi facile
à expliquer; elle dépend de ce que les vers étaient tombés plus tôt ou plus tard des parties supérieures de l'arbre sur les inférieures. Ceux qui étaient tombés les
premiers, n'ayant plus rien trouvé à manger, avaient été
obligés de jeûner, et, par suite, de rester stationnaires,
tandis que ceux qui étaient demeurés plus longtemps
sur les feuilles supérieures avaient pu continuer à s'alimenter, et, par conséquent, à grossir.

Les vers se trouvant donc tous convenablement placés
sur un mûrier peu élevé dont ils pouvaient facilement
regagner les branches supérieures, s'il leur arrivait de
faire de nouvelles chutes, j'enveloppai toute la circonférence de l'arbre avec la toile qui m'avait déjà servi à
cet usage, et que je pus même mettre en double, afin
de les mieux abriter, et je les abandonnai ainsi, ayant
l'intention de ne plus revoir ces vers, que le temps de
faire leur cocon ne fût passé.

Du 13 au 31 août, le temps continua à être froid pour
la saison; il n'y eut que deux journées à 21 degrés dans

leur maximum, la plupart des autres furent entre 16 et
19 degrés, et il y eut onze matinées où, à cinq heures,
le thermomètre ne marquait que 9, 10 ou 11 degrés au
plus; une seule fois, il fut à 14.

Enfin, le 31 août, soixante-six jours après la naissance des vers, j'allai relever la toile qui couvrait le mûrier sur lequel je les avais placés le 13 de ce mois. Ayant
laissé mes vers sans les revoir pendant dix-huit jours,
j'espérais trouver un certain nombre de cocons; mais il
n'y en avait qu'un seul, et nulle trace du reste des vers.
M. Dalbret, auquel je fis part de ma mésaventure, me
dit que, dix ou douze jours auparavant, on avait vu
une fouine rôder dans ses carrés, et qu'il y avait lieu de
croire que cet animal avait mangé mes vers à soie. Ce
qui dut me le faire croire, c'est que les feuilles du mûrier n'avaient pas été mangées dans la proportion qu'auraient dû le faire, en dix-huit jours de temps, vingt-neuf
vers de l'âge des miens. Il n'y avait d'ailleurs rien qui
annonçât que ces petits animaux eussent péri par une
autre cause, tandis que, précédemment, j'avais vu sous
le premier arbre plusieurs des corps de ceux qui étaient
morts. Le seul cocon récolté pesait trente grains, et,
vingt-trois jours après, il en sortit un papillon mâle.
Quant à celui que j'avais laissé à son commencement,
le 13 août, je ne le retrouvai pas.

M. Robinet (1) ayant fait connaître les résultats du
nouvel essai entrepris en juin et juillet 1838, à la Catau-
dière, dans le Poitou, par madame Millet, sa sœur, tou-

---

(1) Voyez les *Annales de l'agriculture française*, cahier de novembre 1838, p. 288 et suiv.

chant une petite éducation de vers à soie exécutée à l'air
libre, ou seulement garantie de la pluie sous le couvert
d'un simple hangar adossé à un mur exposé au sud-
est, je vais donner sommairement les chiffres qui résul-
tent de cette expérience.

Madame Millet avait mis à éclore deux gros de graine
ou au moins dix mille vers; elle a récolté 4 kilogr. de
cocons, dont il a fallu six cent quarante au kilogramme;
donc deux mille cinq cent soixante cocons en tout, et,
par conséquent, perte des trois quarts, ce qui n'est pas
encore beaucoup, si l'on fait attention que l'éducation a
duré quarante-huit jours, près du double de celle qui a
été faite dans la magnanerie, et que, plusieurs fois
pendant sa durée, le thermomètre ne fut qu'à 7 ou 8 degrés pendant la nuit, et qu'il y eut même plusieurs gelées blanches. Par opposition, les cocons récoltés dans
la magnanerie étaient près d'un tiers plus pesants, puisqu'il n'en fallait que quatre cent soixante au kilogramme,
et que l'once de graine a produit de 54 à 64 kilog. de
cocons.

Les considérations que je crois pouvoir déduire des
différentes tentatives faites en France et en Dalmatie pour
élever les vers à soie à l'air libre, ou presque à l'air
libre, sont que le climat des parties de l'Europe où ces
essais ont été faits n'est pas assez constamment chaud
pour que de pareilles éducations puissent être produc-
tives et dédommager des peines qu'elles coûtent. En
Dalmatie, où elles paraissent avoir eu le meilleur succès, elles ont encore été très-loin d'être profitables. Celles que Sauvages et un amateur ont essayées à plusieurs
reprises, à Montpellier, ont toutes été infructueuses;

celles que j'ai tentées, par trois fois différentes, à Paris, et à diverses époques, ont été tout-à-fait malheureuses (1). Je ne puis regarder comme un commencement de réussite les résultats obtenus de quelques vers pla-

(1) Après les insuccès que j'ai eus constamment toutes les fois que j'ai voulu essayer d'élever des vers à soie tout à fait à l'air libre, j'ai été bien surpris de trouver dans le *Propagateur de la soie en France,* imprimé à Rodez, n° de janvier 1839, p. 258, trois faits qui paraissent entièrement contradictoires avec mes expériences. Ces faits sont rapportés d'après le témoignage de M. Robert, membre de la Société d'agriculture de la Drôme, et ils ont eu lieu en 1838, à Barral, même département. Je sais bien que le climat de cette partie de la France est beaucoup plus favorable que celui de Paris; mais encore il me semble que ces faits sont annoncés d'une manière trop absolue, et qu'il n'y est pas assez parlé du nombre de vers qu'on a dû perdre. Quoi qu'il en soit, je vais copier ici les trois expériences faites à Barral; sans ajouter d'autres réflexions, je me bornerai à mettre en italique les passages sur lesquels je ne puis m'empêcher d'avoir des doutes.

« A la réveillée du troisième âge, on a placé, sur de jeunes mûriers taillés de l'année précédente et bien touffus, des vers pris dans la magnanerie; ils y sont restés jour et nuit; ils y ont reçu plusieurs fois la pluie. *Ces vers ont été constamment plus beaux* que ceux de la grande magnanerie, et ont fait de bons cocons et *en même temps.* »

« Deux jours avant la montée, on a placé deux cents vers sur d'autres jeunes mûriers : dès le lendemain ils ont reçu une pluie abondante, mêlée d'orage pendant six heures; beaucoup sont tombés à terre et *y ont fait des cocons; d'autres sont remontés le long des tiges de blé et d'autres herbes, et y ont fait des cocons;* d'autres enfin sont restés sur les arbres, où ils ont aussi fait des cocons. »

« Aussitôt après l'éclosion, on a placé des vers à soie dans un panier d'osier grossièrement fait et recouvert de manière à laisser entrer l'air et la pluie. Ce panier a été suspendu à un arbre, où il est resté jusqu'au 15 juillet : il a donc été exposé à tous les changements de température et à la pluie; par conséquent, plusieurs fois on a été obligé de l'incliner pour faire couler l'eau dans laquelle ces pauvres petits animaux étaient plongés; très-souvent ils ont été oubliés, et on ne leur a donné à manger qu'une fois par jour, d'autres fois pas du tout. Eh bien! ces vers *ont toujours été très-beaux et ont tous fait des cocons huit à dix jours après les autres.* »

tés sur un balcon, puisque, dans le premier cas, les
vers étaient déjà arrivés au moment de faire leur cocon,
et que, dans le second, pour n'avoir resté que vingt
jours sur ce même balcon, il y a eu perte d'un tiers. Il
en est de même des deux expériences faites par M. Robinet et madame Millet, puisque, dans la dernière, ils
ont perdu les trois quarts de leurs vers, et que les cocons produits par le quart qui a survécu malgré les intempéries pesaient près d'un tiers de moins que ceux
faits par les vers élevés dans la magnanerie.

De nouvelles expériences pour élever les vers à soie à
l'air libre ne pourraient donc être faites avec espoir de
succès que dans le midi de l'Espagne, de l'Italie, en
Sicile, à Alger et autres pays où la température, à l'é-
poque de faire les éducations, ne baisse pas, durant la
nuit et le matin, au-dessous de 18 à 19 degrés. Après
cela, je crois que, même dans ces pays, il faudra toujours élever les vers sous des hangars ou des appentis,
parce que les vers placés immédiatement sur les arbres y
courent trop de dangers de la part des oiseaux ou de certains insectes qui en font leur proie, et encore à cause
des nombreuses chutes qu'ils font du haut des feuilles sur
lesquelles une longue domesticité paraît leur avoir fait
perdre l'habitude de se soutenir facilement.

Au reste, il s'agit bien moins de savoir si les vers à
soie pourraient vivre en plein air sur les arbres que de
reconnaître s'ils pourraient, dans cette situation, donner
des produits avantageux. Or, d'après ce que nous avons
vu précédemment, tout nous porte à croire que, lors
même que la première chose serait possible, on ne pourrait en obtenir un résultat satisfaisant, puisque, dans

les cas les plus heureux de M. Nowach et de M. Robinet, le produit paraît avoir toujours été trois à quatre fois
moindre de ce qu'il est dans les éducations ordinaires.

Le plus grand obstacle à l'éducation des vers sur les
arbres mêmes, quand bien même le climat serait plus
favorable, c'est que ces insectes ayant contracté depuis
une longue suite de siècles l'habitude d'être élevés sur des
plans horizontaux, où on leur donne la feuille qui doit
servir à leur nourriture, sans qu'ils soient obligés d'aller
à sa recherche, ils ont, pour ainsi dire, perdu l'instinct
d'aller la chercher, et surtout ils ont perdu peu à peu
l'habitude de faire usage de leurs pattes pour se crampon-
ner et se soutenir sur les feuilles des arbres, de sorte que
leurs mouvements sont excessivement bornés. C'est ce
qui, comme je l'ai dit plus haut, leur occasionne des
chutes si fréquentes. En entreprenant des éducations en
plein air, j'étais à peu près convaincu d'avance que je
ne réussirais pas; mais je voulais principalement par là
prouver combien la constitution des vers était robuste.
Effectivement ils ont pu supporter, à l'air libre, plusieurs
nuits et matinées où le thermomètre est descendu à
7, 8 et 9 degrés au-dessus de 0; ils ont essuyé plusieurs
pluies presque aussi froides. Ce qui manque principalement aujourd'hui aux vers à soie, c'est la faculté de
se soutenir sur les arbres; ce sont leurs chutes fréquentes qui les tuent ou qui les font périr de faim lorsque,
par suite de ces chutes, ils se trouvent rester sur des
places où il n'y a rien à manger.

Les papillons ont aussi perdu la faculté de voler. Les
femelles ne le peuvent plus du tout, et les mâles mêmes,
quoique plus légers, voltigent à peine. Ayant jeté un

jour cinquante papillons mâles du second étage, ils tombèrent presque tous plus ou moins perpendiculairement à terre en quelques secondes, quoiqu'ils fissent effort pour se servir de leurs ailes ; il n'y en eut que deux qui volèrent sur le balcon d'une maison voisine, encore ne purent-ils s'élever, mais seulement traverser en diagonale un espace d'une trentaine de pieds, pour aller se poser au premier étage qui était en face.

Il est probable que l'intention des personnes qui ont essayé de faire des éducations de vers à soie à l'air libre ou presque à l'air libre, en les garantissant seulement par un appentis, était de rendre par ce moyen les éducations plus faciles et plus économiques; car, si cela avait pu réussir, on aurait eu ainsi la possibilité d'en entreprendre de plus nombreuses, toutes fois qu'on n'aurait pas manqué de feuilles de mûrier. Cependant, quoique les tentatives faites jusqu'à ce jour n'aient eu, pour ainsi dire, aucun succès, je crois qu'il reste une expérience à faire au sujet des vers à soie exposés sous des hangars et des appentis, c'est de ne les y placer que dans leur cinquième et dernier âge. Pendant les quatre premiers, les vers ne tenant que peu de place, comparativement à celle qu'ils occupent dans le dernier, il est toujours facile de les loger, et il n'est pas besoin de les exposer, durant ce temps, aux intempéries de l'atmosphère, qui d'ailleurs sont toujours plus à craindre dans les commencements de la saison. Lorsqu'au contraire les vers à soie sont parvenus au cinquième âge, il leur faut un grand emplacement, dont on ne peut pas toujours disposer, ce qui fait qu'on est obligé de se restreindre dans le nombre des vers à mettre en éducation. D'un autre

côté, le printemps étant alors plus avancé, les froids sont
moins à craindre, et il y a bien plus de chances de succès en livrant les vers à soie à la température ambiante.
D'après ces considérations, je proposerais donc aux
éducateurs qui sont situés dans les parties les plus chaudes du midi de la France de faire quelques essais, ainsi
que je vais le dire. Les vers à soie seraient élevés,
comme à l'ordinaire, dans des magnaneries jusqu'à ce
qu'ils eussent accompli leur quatrième mue; puis on aurait pour cette époque des constructions légères, des
espèces de hangars dans lesquels on placerait les vers en
les y laissant exposés à la température ambiante toutes les
fois que, pendant les nuits, le thermomètre ne descen-
drait pas au-dessous de 17 à 18 degrés; mais, lorsqu'on
craindrait des nuits plus froides, les côtés des hangars
les plus exposés aux vents froids seraient fermés avec
de grands rideaux en toile forte; on pourrait même disposer les choses de manière que le local des vers fût
fermé en entier avec des volets de bois. Je ne sais si je
me trompe, mais je crois que, dans un atelier de cette
sorte, les vers seraient suffisamment défendus contre les
inclémences de quelques nuits trop froides, et que, d'un
autre côté, ils seraient à l'abri des touffes qu'on re-
doute tant dans le midi, et qui sont souvent si perni-
cieuses. Ces touffes, je le crois, sont beaucoup moins
causées par l'extrême chaleur de l'atmosphère que par l'air
étouffé et trop concentré qu'on respire dans les magnaneries trop exactement fermées. Ce qu'il y a de certain,
c'est que, dans mes petites éducations destinées à des expériences, j'ai toujours vu les vers à soie être d'autant
plus vifs et d'autant mieux portants qu'ils étaient pla-

cés sous une température plus élevée. Les moments de
la journée pendant lesquels le thermomètre se soutient,
à Paris, à 25 ou 26 degrés, sont assez rares ; mais, toutes les fois que, dans les mois de juin ou juillet, j'ai pu
exposer mes vers à soie à cette température pendant
quelques heures, c'était alors que je les voyais manger
davantage, et se livrer en même temps à des mouvements qui annonçaient qu'ils jouissaient de plus de
vigueur. Du reste, les nouveaux essais que je conseille doivent être faits avec prudence. On n'a pas besoin d'y exposer les vers de vingt onces de graine ; on
peut fort bien les tenter avec ceux d'une seule once et
même avec quelques centaines de vers.

§ II. *De la longueur du fil du ver à soie.*

Au moment où un ver à soie sort de l'œuf, n'ayant
encore qu'une ligne un quart de longueur, on voit dès
lors sortir de sa bouche un fil de soie d'une ténuité
extrême. La soie est donc déjà formée dans l'insecte au
moment de sa naissance, quoiqu'il n'ait pas encore
mangé, et l'on peut même lui en tirer une certaine
longueur ; car je suis parvenu, en m'y prenant avec
beaucoup de précaution, à me procurer de ces fils ayant
depuis 6 jusqu'à 19 pouces de longueur. Cette dernière
étendue est la plus longue que j'aie pu obtenir d'un
jeune ver au moment où il sortait de l'œuf ; je ne parle
pas du plus grand nombre des fils qui ont rompu n'ayant
que quelques pouces ; mais je crois qu'avec plus de pa-
tience et de dextérité il serait peut-être possible de
tirer des longueurs de ces fils encore plus étendues que
celles que j'ai obtenues.

Ce fil que la nature a donné au ver à soie naissant, non-seulement il le conserve toujours tant qu'il reste à l'état de larve, quoiqu'il en perde souvent des longueurs plus ou moins considérables dans certaines circonstances, mais il le répare et en forme de nouveau qui augmente en force et en grosseur au fur et à mesure que l'insecte avance en âge.

Lorsque la larve n'est pas occupée à manger, elle fixe souvent l'extrémité de ce fil, dont elle retient le prolongement, en l'attachant aux corps sur lesquels elle repose; et c'est par ce fil que, dans l'état de nature, elle reste suspendue, lorsqu'elle est précipitée par le vent, ou autrement, en bas des feuilles sur lesquelles elle était placée. C'est ensuite en remontant le long de ce fil et en s'y accrochant par les pattes au moyen d'un mouvement d'ascension, qu'elle parvient à regagner la place dont elle était tombée.

Lorsque, pendant les mues, on prive les vers de toute nourriture, il n'est pas rare de voir les fils qu'ils ont entre-croisés de diverses manières, en les traînant avec eux en marchant sur la litière, former au-dessus d'elle comme une sorte de réseau. C'est principalement après la première mue que j'ai vu ce réseau être plus prononcé.

Ce fil de soie non-seulement grossit et prend de la force à mesure que le ver avance en âge; mais il devient plus facile d'en tirer des longueurs plus considérables. On peut en obtenir successivement plusieurs pieds, et, au moment de la maturité du ver, je suis parvenu à en tirer 10, 12 et jusqu'à 15 pieds. Ces longueurs sont les plus considérables que j'aie pu obtenir; car souvent le fil a cassé n'ayant encore que 3 à 6 pieds ; cependant je suis porté à croire que, si l'on pouvait saisir le moment où le ver a besoin de se débarrasser de sa soie, et si l'on avait dans ce moment une mécanique qui tirât son fil d'une manière uniforme, sans secousses, et dont les mouvements fussent en parfaite harmonie avec ceux que fait le ver en dégorgeant sa soie, il serait peut-être possible de lui retirer la totalité de ce fil d'un seul brin. Mais quelle peut être la longueur totale de ce fil chez un ver à soie, c'est ce que je vais chercher à déterminer d'une manière plus exacte qu'on ne paraît l'avoir fait jusqu'ici.

La longueur du fil provenant d'un cocon de ver à soie est une chose très-variable, et la différence peut être de moitié en plus ou en moins, ce dont je me suis assuré en faisant tirer la soie d'un certain nombre de cocons très-bien conformés en apparence.

Voici les différentes longueurs que j'ai trouvées dans les fils de dix cocons que mademoiselle Élise Peltzer, occupée comme élève dans la filature de M. Henri Bourdon, à Ris, eut la complaisance de me dévider avec tout le soin et toute l'exactitude possibles, au mois de juillet 1836.

Le fil le plus court des dix cocons
soumis à cette expérience avait   1,687 pieds.
La longueur des autres cocons était, le
second de. 1,897
Le troisième de 2,336
Le quatrième de. 2,340

À reporter. . . . 8,260

De l'autre part. 8,260

Le cinquième de 2,411

Le sixième de. 2,671

Le septième de. 2,860

Le huitième de. 2,945

Le neuvième de 3,043

Le dixième ayant le fil le plus long
avait. 3,245

Total de la longueur du fil de dix cocons. 25,435

Dix cocons ayant donné ensemble un fil de soie de la
longueur de 25,435 pieds, on peut estimer, je crois, la
longueur moyenne d'un fil de ver à soie à 2,543 pieds
et demi ; mais cette longueur n'est pas absolue ; elle ne
consiste que dans la partie du fil du ver qui a pu être
facilement dévidée, sans compter l'espèce de bourre
ou la blaise formant les premiers fils que le ver dispose
çà et là pour servir d'échafaudage à son cocon, ni le fil
des dernières couches du cocon qui enveloppent la chrysalide, et qui ne peut être tiré en soie, parce que ces
derniers fils sont plus fortement agglutinés les uns aux
autres et en même temps plus faibles, et encore parce
que le cocon dont on a déjà tiré toute la bonne soie est
devenu trop mince, qu'il se perce et se laisse pénétrer
par l'eau, dans laquelle il faut qu'il trempe pour pouvoir être dévidé: Cependant cette bourre et cette coque
intérieure sont formées par l'insecte d'un fil non interrompu et doivent être comptées si l'on veut en estimer
exactement la longueur totale. D'après cela, je ne crois
pas que ce soit porter trop haut la longueur du fil em-

ployé par l'insecte pour former ce que nous appelons la bourre, et celui qui reste dans la coque intérieure, en estimant l'un et l'autre au quart de la longueur du fil dévidable. Or nous venons de voir que la longueur moyenne de celui-ci était de 2,543 pieds, dont le quart est de 635 1/4. La longueur totale d'un fil de ver à soie pourra donc être estimée à 3,178 pieds, en négligeant les fractions. . . . .

Si l'on peut croire que j'aie estimé trop haut la longueur du fil qui forme la bourre, et qui compose la coque intérieure, en la portant à un quart de celle qu'a l'étendue entière du fil dévidable; je la réduirai volontiers au cinquième de ce dernier, ce qui ne fera plus que 3,051 pieds, et enfin que 3,000 pieds seulement pour prendre un nombre rond.

La longueur totale d'un fil de ver à soie étant donc reconnue avoir 3,000 pieds ou 500 toises, il ne faut guère que quatre de ces longueurs et une demie pour égaler l'étendue d'une lieue ordinaire. Enfin, si l'on veut comparer l'ouvrage qu'un faible insecte parvient à terminer en trois jours (car il ne faut que ce temps à un ver à soie pour achever entièrement son cocon), avec le volume des corps célestes qui roulent dans l'espace, on trouvera que la circonférence du globe terrestre ayant été déterminée être à l'équateur de 9,000 lieues communes, chaque lieue de 2,280 toises, ou de 7,200 lieues marines de 2,850 toises chaque, ce qui fait, dans tous les cas, 20,520,000 toises, ou 123,120,000 pieds, il ne faudra que 41,040 des fils dont il est question mis au bout l'un de l'autre pour ceindre la circonférence entière de la terre.

En déroulant dans son entier la longueur d'un fil de
ver à soie pour en connaître l'étendue, nous venons de
voir que tous les fils étaient fort loin d'être égaux entre
eux, et que chaque insecte, pour ainsi dire, donnait au
sien une longueur différente, qui dépend probablement
du plus ou moins de force propre à l'animal. Ceux qui
s'occupent de filer la soie savent bien, sans l'avoir
d'ailleurs déterminé par des expériences positives, que
certains vers donnent une soie plus grosse. On dit aussi
que les premiers fils tirés d'un cocon n'ont pas la même
force que ceux qui proviennent du milieu de ce cocon,
et enfin que les derniers sont plus faibles, ainsi que les
premiers. Il sera toujours très-difficile de faire à ce sujet des expériences bien positives, et, dans la pratique
ordinaire des filatures, cela serait tout à fait impossible.
Si le temps m'avait permis de recommencer à mesurer
la longueur de plusieurs fils de vers à soie, j'aurais fait
mettre à part les 7 à 800 premiers pieds, puis le même
nombre des suivants, que j'aurais également séparés de
7 à 800 derniers pieds, et je crois que j'aurais pu, par
ce moyen, juger de la force respective de chacun de ces
fils par le poids intrinsèque qu'ils eussent présenté ; mais
j'ai pensé trop tard à faire cette observation, et je n'avais
plus à ma disposition une habile et patiente fileuse
comme mademoiselle Élise Peltzer. Tout ce que je puis
conclure de l'observation qui m'a donné l'étendue rela-
tive des fils provenant de dix cocons différents, c'est
que, de même que les vers font des fils de diverses longueurs, de même aussi une longueur égale n'a pas le
même poids dans des fils provenant de vers différents.
C'est ainsi qu'un grain pesant d'un fil de soie s'est

(150)

trouvé contenir une longueur très-variable, que, d'a-
près l'expérience, je puis établir comme il suit :

Le fil déroulé d'un cocon de la race jaune, qui avait
1,687 pieds de longueur, s'est trouvé peser 2 grains 5/8, ce
qui donne pour chaque grain de ce fil une étendue de
682 pieds et quelques fractions que je néglige, fractions que je continuerai à négliger dans les articles suivants.

2,336 pieds de fil tirés d'un cocon *sina* et pesant
trois grains, un de ces grains devait avoir en longueur
778 pieds.

Un second cocon *sina* ayant fourni 2,671 pieds de fil
qui pesaient 4 grains, il devait y avoir par chaque grain
667 pieds.

Deux autres cocons *sina* ayant donné ensemble
4,842 pieds de fil qui pesaient 6 grains 3/8, chaque grain
de ce fil doit être estimé contenir une longueur de
759 pieds.

Deux autres cocons, toujours de la même race, ayant
fourni ensemble un fil de 5,656 pieds, qui était du poids
de 7 grains 1/2, on peut compter qu'il y avait dans chaque grain pesant 754 pieds.

Enfin deux cocons de la race syrienne déroulés l'un
après l'autre sur le même moule, ayant donné 5,803 pieds
de fil qui pesaient 12 grains, on voit que ce fil était plus
pesant que tous les précédents, puisqu'il n'y avait dans
chacun de ses grains que 483 pieds.

La différence observée entre la longueur du fil de soie
le plus pesant et le plus léger dans le poids d'un seul
grain se trouve donc être de 295 pieds ou d'environ
les 3/8 sur la totalité de la longueur.

On pourra dire, sans doute, que mes expériences sur la longueur et la pesanteur de différents fils de soie sont trop peu nombreuses pour qu'on puisse en conclure quelque chose de bien positif. Cependant je crois que, dès à présent, on peut y entrevoir un résultat qui n'est pas sans conséquence pour les éducateurs de vers à soie et les fabricants de soieries, c'est que, la soie grège se vendant au poids dans le commerce, il doit être plus avantageux, surtout pour les derniers, d'acheter des soies d'un fil fin qui, dans le même poids et, par conséquent, pour le même prix, présenteront plus de matière à ouvrer. Ainsi, sous ce rapport, les cocons de la belle soie blanche dite *sina* présentent un grand avantage sur ceux de la race syrienne qui, à pesanteur égale, produit des fils qui sont presque des 3/8 moins longs. Je laisse à ceux qui cultivent spécialement l'industrie de la soie, sous le rapport des produits qu'on peut en retirer, à examiner ce sujet avec plus de soin et de détails que je n'ai pu le faire.

§ III. *De l'influence des jeûnes.*

Dans la première partie de ce mémoire, j'ai déjà parlé assez longuement des jeûnes qu'on pouvait faire endurer aux vers à soie, sans que cela leur portât un grand préjudice; mais comme, jusqu'alors, ce n'était qu'à l'époque de leur naissance ou dans le premier âge que j'avais expérimenté sur ce point, j'ai été curieux de connaître quelles influences pourraient avoir sur les vers, dans les autres phases de leur vie, des jeûnes plus ou moins prolongés et plus ou moins multipliés; pour m'en assurer, j'ai fait les expériences suivantes :

PREMIÈRE EXPÉRIENCE.

Le 15 juillet 1838, je pris cent vingt vers à soie de la race syrienne, tirés au hasard parmi deux cent quarante qui étaient au quinzième jour de leur éducation, et au troisième après leur seconde mue, et je les plaçai, sans aliments, dans une cave qui était alors à 10 degrés au-dessus de o, et je les y laissai sans manger pendant soixante-douze heures. Au bout de ce temps, je les remis dans la chambre où ils avaient été élevés jusqu'au moment du jeûne que je venais de leur imposer, et je leur redonnai par jour huit repas de feuille de mûrier, depuis le 18 juillet jusqu'au 24. Ce dernier jour, qui était le troisième après la troisième mue, je plaçai de nouveau les mêmes vers, sans manger, à la cave, dont la température était montée à 10 degrés 3/4, et je les y laissai deux jours entiers. Après avoir subi ce second jeûne, les vers furent de nouveau alimentés comme précédemment. Dès lors le reste de l'éducation dura jusqu'au 10 août, ou quarante-trois jours en tout. Elle me produisit quatre-vingt-dix cocons bien conformés et cinq imparfaits. Les premiers pesaient dans la proportion de deux cent trente à la livre. La perte des vers, pendant la durée de l'éducation, a donc été du quart.

Les cent vingt autres vers, qui ont continué à être nourris sans aucune interruption, ont fait quatre-vingt-seize cocons parfaits et deux défectueux. Les premiers pesaient dans la proportion de deux cent deux à la livre, et la perte des vers n'a été que d'un cinquième. L'éducation a, d'ailleurs, duré quatre jours de moins; mais les premiers vers ayant été privés de nourriture pendant cinq jours, et n'ayant pu avancer pendant ce temps, cette différence devient presque nulle.

DEUXIÈME EXPÉRIENCE.

Cent soixante-seize autres vers de la même race, étant au milieu du second âge, furent privés de toute nourriture pendant deux jours entiers, du 15 au 17 juillet 1838, et placés durant ce temps dans une cave dont la température était à 10 degrés au-dessus de o. Le 17 de juillet, ces vers furent replacés dans la même position, et nourris de même que dans les premiers jours de leur existence, et cela jusqu'au 22 suivant. Alors, étant à peu près au milieu de leur troisième âge, ils furent, pour la seconde fois, privés de nourriture, et remis jusqu'au 24 à la cave. A compter de ce jour, de la nourriture fut encore donnée jusqu'au 4 août, et au moment où ils venaient de terminer leur quatrième et dernière mue, pour la troisième fois et pendant quarante-huit heures, je les sevrai de toute nourriture et les replaçai de nouveau à la cave, qui se trouvait alors à 10 degrés 3/4. Le 6 suivant, je les en retirai pour toujours, et, le 16 du même mois, tous ceux qui étaient parvenus à l'époque de leur maturité avaient fait ou commencé leurs cocons, lesquels furent, en définitive, au nombre de cent trente, et qui pesaient dans la proportion de deux cent quarante-huit à la livre. Je ne compte pas neuf cocons imparfaits ou non terminés. Dans cette éducation, dont la durée entière a été de quarante-six jours, la perte des vers a été d'un peu plus du quart. La différence dans le poids des cocons est aussi beaucoup plus sensible; car cent soixante-seize autres vers, qui, le 15 juillet, étaient

élevés en commun avec les précédents, et qui ne furent
soumis à aucun jeûne, produisirent, en quarante jours,
cent cinquante-sept cocons, dont la proportion était de
deux cent vingt à la livre. Il n'y eut d'ailleurs, dans
cette dernière éducation, qu'un huitième de perte.

D'après ces deux expériences, on peut conclure, ce me
semble, que les vers à soie peuvent être soumis à des
jeûnes de plusieurs jours dans toutes les phases de leur
existence, sans que cela les empêche de produire des
cocons; seulement le nombre des vers qui parviendront
à maturité pourra être moindre d'un cinquième ou d'un
sixième, et les cocons seront aussi plus faibles dans la
même proportion. Mais lorsque, par une intempérie
de l'atmosphère, une gelée subite ou une grêle, on se
trouvera tout à coup privé de feuilles de mûrier, il vau-
dra mieux faire jeûner ses vers pendant quelques jours,
jusqu'à ce qu'on ait pu s'en procurer de nouvelles,
que de les jeter. Bien rarement, d'ailleurs, sera-t-on
obligé d'imposer aux vers des jeûnes de deux à trois
jours et répétés deux à trois fois, ainsi que je l'ai fait.
Il est permis de croire qu'un seul jeûne de quarante-huit
heures, surtout si ce n'était pas dans les derniers âges,
ne diminuerait pas le produit de la récolte de plus d'un
quinzième ou même d'un vingtième. Or il doit être
certainement préférable d'obtenir une récolte qui ne
sera diminuée que dans ces proportions, plutôt que de
la perdre en entier, ainsi qu'on le fait trop souvent,
lorsque, après s'être vus privés de leurs feuilles par l'effet
d'une gelée tardive, les éducateurs se pressent de jeter
leurs vers, qui se trouvent déjà dans le premier ou dans
le second âge, au lieu de les faire jeûner pendant quel-

ques jours , et de chercher, pendant ce temps , s'ils ne
pourraient pas réparer le dommage qu'ils ont essuyé ,
en trouvant dans leurs environs des mûriers qui auraient
été préservés de la gelée. Nous avons d'ailleurs vu plus
haut que, pendant le premier âge et avant de faire leur
première mue, les vers pouvaient être soumis à un
jeûne de quatre à cinq jours , sans en souffrir en aucune
manière. (*Voy*. p. 3o.)

§ IV. *Influence des repas plus ou moins fréquents.*

Depuis quelque temps la question des repas fréquents
a été agitée parmi les éducateurs de vers à soie; M. C.
Beauvais, surtout, a préconisé la fréquence des repas
dans les premiers âges, en l'accompagnant d'un haut degré de température. Je n'ai pu m'occuper de cette question sous ce dernier rapport, parce que je n'ai point de
local dans lequel je puisse produire à volonté une chaleur artificielle, et je n'ai pu faire des expériences sur
la fréquence des repas que chez des vers parvenus au
dernier âge et tenus à la température ambiante de mon
appartement. Quoi qu'il en soit, je vais rapporter ce que
j'ai pu observer du produit comparé d'un certain nombre
de vers, dont une moitié, pendant tout le temps de son
cinquième âge, eut à manger un tiers de feuilles de plus
que l'autre.

EXPÉRIENCE.

Le 16 de juillet 1837, j'avais quatre cent vingt-huit
vers, reste de quatre cent quatre-vingts d'une seconde
éducation que j'avais commencée à la fin du mois pré-

cédent, dans l'intention de les employer à différentes
observations. Ce jour-là, les vers étant au dix-neuvième
jour de leur existence et sur le point de faire leur quatrième mue, je les partageai en deux séries égales, de
chacune deux cent quatorze, et à compter du 18 du
même mois, jour où les vers avaient accompli leur dernière mue, je continuai à donner six repas par jour à
ceux de la première série, ainsi que je l'avais toujours
fait dans les âges précédents. Le même jour, au contraire, je mis ceux de la seconde série à neuf repas par
jour, dont le premier était distribué à quatre heures du
matin et le dernier à dix heures du soir. Sans peser ma
feuille, j'avais, autant qu'il m'était possible, le soin
que tous les repas fussent égaux et qu'ils ne fussent pas
plus forts chez ceux qui n'en recevaient que six en vingt-
quatre heures que pour ceux auxquels j'en donnais
neuf. Voici quel a été le résultat de mon expérience :

Le 29 juillet, et dans la soirée seulement, vingt-un
vers de la première série quittèrent la litière pour commencer leurs cocons ; le jour suivant, ou le 30, cinquante-huit autres se mirent également à cet ouvrage ;
le 31, il y en a eu quatre-vingt-dix-neuf, et, le 1er août
suivant, il restait onze retardataires, qui ne firent leurs
cocons que du 1er au 4. Le 8 août, je récoltai cent
quatre-vingts cocons bien conformés, sans compter ceux
qui étaient imparfaits et les vers changés en chrysalides ou morts sans avoir rien fait.

Les vers de la seconde série, auxquels j'avais donné
neuf repas par jour, ne furent que très-peu hâtés par la
fréquence de cette alimentation ; mais ils donnèrent un
produit plus considérable. Quarante-cinq quittèrent la

litière le 29 juillet, de même que les premiers ; mais ce fut dès le matin qu'ils le firent, et non pas le soir. Cent trois autres abandonnèrent cette même litière le 30, et cinquante-quatre le 31, sans qu'il y eût de retardataires. Deux cent deux vers de cette seconde série étaient parvenus à l'âge de maturité ; mais cent quatre-vingt-seize seulement ont produit des cocons parfaits, quatre sont morts subitement au moment où ils allaient les commencer, et sont devenus promptement noirs, presque comme du charbon ; deux enfin se sont changés en chrysalides sans faire de soie.

Au premier aspect, on pourrait croire que les vers de la seconde série ont présenté un produit beaucoup plus avantageux que ceux de la première, puisque le résultat qu'ils ont donné offre en plus un dixième de cocons quant au nombre, et à peu près un cinquantième quant au poids ; car, sur cent cocons de chacune de ces séries, ceux de la deuxième avaient une pesanteur de deux cocons en plus. Mais cet avantage n'est qu'apparent, si l'on veut faire attention qu'à compter du 21 juillet, jour où les vers eurent accompli leur quatrième mue, jusqu'au 29 juillet suivant, où ils commencèrent à quitter la litière, il fut donné soixante-douze repas aux vers de la seconde série, tandis que ceux de la première n'en eurent que quarante-huit ; ce qui fait, pour les uns, un tiers de plus que pour les autres. Et comme, à l'époque du cinquième âge, la consommation en feuilles est très-considérable, puisqu'elle est quatre fois plus forte qu'elle n'a été pendant les quatre premiers, il est bien certain qu'une dépense d'un tiers en plus, pour ce surcroît de feuilles, ne peut être compensée en aucune manière par

le léger avantage que peut présenter un dixième de plus
dans le produit des cocons, et un cinquantième dans
leur poids. Cependant je crois qu'il serait bon de renouveler cette expérience, en la variant sous le rapport
du nombre des repas, en y mettant encore plus d'exactitude que je n'ai pu le faire, et en se rendant compte du
poids de feuilles et de la dépense que leur surcroît de
consommation pourrait exiger.

§ V. *Observations diverses.*

En général, les cocons les plus gros et les plus pesants
renferment des papillons femelles; c'est, au contraire,
des plus petits et des moins lourds qu'on voit sortir les
mâles; je m'en suis assuré par les expériences suivantes :

1° J'ai mis à part deux cents cocons pesant chacun
trente grains ou un peu moins; il en est sorti cent cinquante-sept mâles, quarante femelles, et les chrysalides
sont mortes dans trois autres, sans s'être métamorpho-
sées en papillons.

2° Pour faire l'expérience opposée, j'ai pris deux cents
autres cocons qui pesaient tous 31 grains ou plus; cent
cinquante et un ont produit des papillons femelles, quarante-sept des papillons mâles, et deux n'ont rien produit; les chrysalides y sont mortes avant la dernière
métamorphose.

3° J'ai pris les plus petits cocons que j'ai pu trouver,
et de soixante, dont les plus lourds ne pesaient que
25 à 26 grains, il n'est sorti qu'une petite femelle.

4° Sur soixante autres cocons qui pesaient chacun
36 grains et beaucoup plus, trois seulement ont donné
naissance à trois gros mâles.

Nous avons vu plus haut que la sortie des papillons hors de leurs cocons était accélérée ou retardée selon le plus ou le moins d'élévation de la température ambiante. Cette élévation de la température imprimant plus d'activité au papillon, il met, en général, moins de temps à percer son cocon et à en sortir lorsqu'il se trouve sous son influence que lorsqu'il est exposé à des influences opposées. Après avoir observé la sortie d'un assez grand nombre de papillons hors de leurs cocons, il m'a paru que cette sortie s'opérait en douze ou quinze minutes pour les plus actifs et ceux qui se trouvaient dans les circonstances les plus favorables, et en vingt-cinq à trente minutes pour les autres.

Lorsque le papillon a subi sa dernière métamorphose, en déchirant la peau sèche et membraneuse qui le retenait sous forme de chrysalide, il dégorge par la bouche une certaine quantité d'une liqueur plus ou moins épaisse, d'un jaune rougeâtre, quelquefois blanchâtre, très-rarement brunâtre ou même un peu noirâtre ; je l'ai vue une fois être comme sanguinolente. Cette liqueur lui sert à ramollir la partie de son cocon vers laquelle sa tête se trouve tournée. Du moment où le papillon a dégorgé cette liqueur, il frappe et pousse avec sa tête de dedans en dehors, afin d'écarter les fils de son cocon, et se frayer un passage à travers. Dès qu'il est parvenu à les écarter assez, il engage sa tête tout entière dans leur intervalle. Tous ces mouvements ont lieu par le moyen des efforts qu'il fait intérieurement en s'appuyant sur ses pattes de derrière, et peut-être aussi en s'accrochant aux parois intérieures avec les pattes de devant. Une fois que le papillon a sa tête engagée entre les fils ramollis et écar-

tés de son cocon, il continue ses efforts en les alter-
nant avec quelques moments de repos; dès qu'il est
parvenu à mettre sa tête tout à fait dehors de son cocon, il dégage d'abord une de ses pattes antérieures, puis
l'autre, et il cherche, par leur moyen, à se fixer aux
corps qui peuvent se trouver devant lui, et même, à leur
défaut, aux parois extérieures de son cocon, afin de tirer
plus facilement tout son corps au dehors. La liqueur qu'il
a dégorgée en premier lieu est non-seulement assez abondante pour ramollir les bords du trou à travers lequel il
cherche à se faire jour, mais encore pour les tenir humi-
des et même mouillés pendant un certain temps, de sorte
que son corps y glisse assez facilement par les efforts qu'il
fait et par les contractions alternatives qu'il opère dès
qu'il a pu sortir ses deux premières pattes. Ses ailes,
aussitôt qu'il a pu en engager la base, paraissent aussi
lui servir, et il en fait effort pour élargir le trou qu'il a
commencé à pratiquer seulement avec sa tête. Successivement il fait usage de ses six pattes, en les portant en
avant l'une après l'autre, et dès qu'elles sont toutes
dehors, il ne lui faut plus que quelques instants pour
franchir totalement l'étroite issue qu'il s'est pratiquée.
Tout en s'aidant de ses six pattes portées en dehors, le
papillon ne finit cependant par se dégager totalement
qu'en employant les contractions et les mouvements al-
ternatifs de son abdomen. Les femelles, qui ont l'abdomen plus gros à cause des œufs qu'il contient, emploient
toujours plus de temps que les mâles pour sortir entièrement de leur cocon. Le corps des papillons, quels
qu'ils soient, reste humide pendant quelques minutes
après leur sortie du cocon, et les mâles demeurent d'a-

bord immobiles durant dix à quinze minutes; ce n'est que lorsqu'ils sont parfaitement secs qu'ils prennent cette vivacité et cette ardeur qu'ils conservent presque jusqu'à la fin de leur existence. Quand les anneaux de l'abdomen des femelles sont un peu écartés, on voit distinctement, dans les intervalles non recouverts de poils, les œufs contenus dans leur corps.

Lorsque le papillon n'est pas pourvu d'une assez grande quantité de la liqueur qui lui est nécessaire pour opérer le ramollissement de son cocon, ce ramollissement n'étant pas suffisant, le papillon ne peut écarter convenablement les fils pour y pratiquer une issue, et dans cette impuissance il lui est impossible d'en sortir; il y meurt sans être parvenu à la lumière. Cet accident arrive assez fréquemment aux papillons dont deux vers se sont réunis pour ne faire qu'un seul cocon. Dans ce cas, les parois de ce cocon se trouvant plus épaisses, les papillons ne peuvent parvenir à les percer. Ainsi, sur vingt cocons doubles mis à part pour les observer, il y en a eu huit que les papillons n'ont pu percer.

Ces cocons doubles ne contiennent pas toujours un mâle et une femelle, ainsi que quelques auteurs l'ont dit. Il paraît, au contraire, que c'est le plus souvent le hasard qui décide de ces sortes de réunions. Ainsi, dans les vingt cocons dont je viens de parler, il y en avait six qui contenaient chacun un papillon mâle et une femelle; huit qui ne renfermaient que des femelles, et six dans lesquels il n'y avait que des mâles.

Dans les cocons qui ne réunissaient qu'un seul sexe, il y en avait deux dont les papillons n'avaient pu se faire jour, et dans lesquels je n'ai trouvé que des femelles

qui avaient déjà pondu deux à trois cents œufs avant que
je les sortisse de leur prison. Ces femelles continuèrent
leur ponte après que je les eus amenées à la lumière,
et tous leurs œufs furent clairs. J'ai vu aussi des papillons femelles isolés dans leur cocon, et qui n'en avaient
pu sortir, le tapisser entièrement d'œufs à l'intérieur.

C'est, comme on voit, le hasard qui préside à la réunion de deux vers à soie lorsqu'ils s'associent pour ne
faire qu'un seul cocon ; et, dans ce cas, la différence des
sexes n'y fait pas plus que leur ressemblance. Pour m'en
assurer d'une manière encore plus certaine, j'ai placé au
hasard des vers deux à deux dans le même cornet de papier, et, par conséquent, sans que leur réunion eût été
de leur choix. Voici quel a été le résultat de mon expérience. Trente-six vers ainsi placés deux à deux ont fait
seize cocons doubles, et seulement quatre qui étaient
simples. Ces quatre derniers, dont les vers ont refusé de
se réunir pour filer en commun, ont produit trois femelles et un mâle. Dans les seize autres cocons, dont les
vers ont filé deux à deux, il s'est trouvé dans huit un
mâle et une femelle par chaque cocon ; dans quatre autres rien que des mâles ; et dans les quatre derniers
seulement des femelles.

J'ai déjà dit plus haut que, quoique s'étant mis à leur
cocon en même temps, les papillons ne le perçaient pas
toujours le même jour ; les cocons doubles m'en ont
fourni une nouvelle preuve. Dans un de ceux-ci, une
femelle est sortie le 16 juillet, et le mâle, qui était
avec elle, ne s'est fait jour que le lendemain. Dans un
autre, le mâle est sorti le 16 juillet, tandis que la femelle n'a paru que le 18.

Dans les cocons doubles, les papillons qui en sortent les derniers ne profitent pas toujours du trou pratiqué par le papillon qui est venu le premier à la lumière, assez souvent ils percent un nouveau trou par le bout opposé.

Les femelles peuvent recevoir le mâle aussitôt après être sorties de leur cocon ; mais le mâle ne cherche ordinairement à s'accoupler qu'au bout de douze à quinze minutes, lorsqu'il a eu le temps de sécher ses ailes.

Lorsque les femelles ne trouvent pas de mâles qui s'accouplent tout de suite avec elles, elles rendent par la partie postérieure, peu après qu'elles sont hors de leur cocon, une liqueur en tout semblable à celle qui leur a servi à en ramollir un bout, et qui ne paraît en être que le résidu. Le plus souvent cette liqueur est rendue par les femelles en un jet lancé depuis trois jusqu'à six pouces de distance et plus. Il est plus rare que ce soit sans éjaculation, et que la liqueur s'écoule en un seul flot qui n'est poussé qu'à quelques lignes ; elle peut être estimée à vingt ou vingt-cinq gouttelettes. Peu après que les mâles se sont séparés des femelles, celles-ci rendent encore, de la même manière, plusieurs autres gouttelettes, et cette éjaculation est réitérée par elles toutes les fois qu'elles suspendent ou qu'elles reprennent leur ponte, de sorte que chaque femelle ne fait pas moins de sept à huit éjaculations ; mais les dernières ne sont plus que de trois à quatre gouttelettes. Les mâles rendent une liqueur toute semblable à celle des femelles, lorsqu'ils se livrent ou qu'on les force à plusieurs accouplements. A chaque fois, ils se débarrassent du superflu de cette liqueur ; mais, après les derniers, l'éjaculation se réduit presque à rien.

Les papillons mâles montrent beaucoup d'ardeur pour s'accoupler avec les femelles ; ils s'empressent autour pour chercher à se joindre à elles ; ils battent incessamment des ailes, en tournant leur abdomen en arc, afin de rencontrer celui de la femelle qui, le plus ordinairement, reste immobile et impassible à attendre le résultat des efforts du mâle.

L'accouplement s'opère très-souvent avec une grande facilité ; c'est l'affaire d'un instant, surtout lorsque la femelle paraît s'y prêter. Dans ce cas, le mâle s'attache à la partie inférieure de l'abdomen de celle-ci, au moyen de deux crochets dont le sien est armé, et il lui reste ordinairement joint pendant une demi-journée, un jour entier et même pendant plus longtemps encore ; mais il n'est pas rare que la femelle semble se refuser à l'accouplement, en recourbant un peu en dessous l'extrémité de son abdomen, de sorte que le mâle ne peut, dans cette situation, se joindre à elle. J'ai même vu une femelle accouplée à un mâle faire tous ses efforts pour s'en séparer ; elle avançait incessamment sur la place où elle était, en allongeant tous les anneaux de son corps, et en les contractant ensuite. Par ce moyen, elle entraînait après elle son mâle, qui était forcé de la suivre à reculons, mais qui, cependant, ne s'en sépara pas.

Tout en montrant une ardeur extrême pour l'accouplement, il n'est pas rare de voir des mâles si mal mesurer leurs mouvements et leur ardeur, que leur empressement est rempli de maladresse, et qu'on pourrait croire qu'ils n'ont pour cet acte qu'un instinct bien mal éclairé. J'ai vu un mâle fortement accroché pendant plus de deux heures au flanc d'une femelle, près de l'une de ses ailes, y rester aussi fortement attaché que s'il eût été fixé à ses parties naturelles, de sorte qu'il ne put en être détaché que par les efforts qu'on a coutume de faire pour séparer un mâle d'avec une femelle; et encore ce ne fut que dix minutes après que lui-même quitta cette place si peu naturelle.

Il n'est pas rare encore que les mâles, tout en courbant leur abdomen en portion d'arc, comme cela leur est nécessaire pour se joindre à leurs femelles, au lieu d'en porter l'extrémité vers les parties naturelles de celles-ci, la tournent, au contraire, vers la partie opposée ou la tête. J'en ai vu faire ainsi deux à trois fois le tour du corps d'une femelle, et passer devant les organes de la génération sans s'y arrêter; toujours, d'ailleurs, en s'agitant, en battant des ailes, et même, dans tous ces mouvements désordonnés, en se frottant autour de ses flancs ou de sa tête, comme je l'ai déjà dit; enfin ne parvenir qu'au bout de plusieurs minutes à effectuer leur accouplement.

Le mâle, qui s'agite d'une manière si vive quand il cherche à se joindre à une femelle, n'est pas plutôt accouplé, qu'il cesse tous ses mouvements turbulents. Au moment de l'accouplement, il fait encore deux à trois mouvements de ses ailes; mais aussitôt qu'il est attaché à sa femelle, il reste le plus souvent immobile. Quelques mâles, assez rarement, font encore, de temps en temps, quelques petits mouvements avec leurs ailes, les relevant et les abattant par intervalles; mais ces mouvements ne sont plus ni brusques ni précipités.

Lorsque la femelle reste quelque temps sans recevoir

le mâle, elle pousse au dehors ses organes de la génération, qui ressemblent en quelque sorte à un trèfle de
cartes à jouer. Il est à croire qu'il en sort des émanations pour attirer le mâle. Cependant j'ai vu plusieurs
fois des femelles dans cette situation, et, malgré cela,
les mâles se présenter à l'accouplement par la tête de
celles-ci et être une ou deux minutes à trouver la véritable voie. Pour que l'accouplement puisse s'opérer, il
faut que la femelle renfonce d'abord ses organes géni-
taux dans son abdomen, et il n'est pas rare qu'elle les
laisse assez longtemps en dehors, quoiqu'elle dût être
avertie du voisinage du mâle qui la recherche, qui tou-
che ses flancs, et qui s'attaque même à l'organe de la génération.

Quelquefois deux mâles, lorsqu'on n'y veille pas,
parviennent à s'attacher en même temps à la partie inférieure de l'abdomen de la même femelle; j'ai pensé
trop tard à séparer ces deux mâles à la fois et après un
temps donné, comme sept à huit heures, pour voir si,
dans ce cas, il peut y avoir fécondation.

On voit assez souvent qu'en plaçant un papillon mâle
au milieu d'une douzaine de femelles, dont dix sont
accouplées, tandis que deux manquent encore de mâles,
au lieu d'aller directement s'unir à l'une ou à l'autre de
ces femelles solitaires sur lesquelles même on le dirige,
il s'en va tourner autour de celles qui sont déjà accouplées, et faire des efforts auprès d'elles, pour occuper
une place qui est déjà prise.

Voici encore un exemple de la bizarrerie singulière
des mâles au sujet de l'accouplement. Un papillon mâle,
après avoir été accouplé pendant une heure avec une fe-

melle, la quitte tout à coup et se dirige sur d'autres femelles déjà accouplées. A cinq reprises différentes, on
le rapproche de la femelle qu'il a abandonnée, afin
qu'il s'unisse à elle de nouveau, et toujours il paraît la
dédaigner pour se porter vers les autres femelles déjà
pourvues de mâles. Ce n'est qu'à la sixième fois qu'on
lui présente sa femelle, qu'il s'arrête pour s'unir à elle ;
mais, trois heures après, il s'en était séparé pour la seconde fois, et quatre heures se passent encore sans qu'il
se raccouple. Cependant il paraît plein de feu et d'ardeur ; mais il ne fait que des tentatives maladroites pour
s'unir de nouveau à sa femelle. Il tourne quatre à cinq
fois autour d'elle, en dirigeant le plus souvent l'extrémité de son corps plutôt sur les flancs de sa femelle que
vers ses parties génitales ; enfin, pour la troisième fois
il s'accouple avec elle, mais c'est pour ne lui rester
joint que pendant quatre ou cinq heures.

Lorsqu'on renferme ensemble plusieurs mâles dans
une même boîte, il n'est pas rare d'en trouver qui se
joignent l'un à l'autre aussi fortement que s'ils étaient
accouplés à une femelle. J'en ai vu quatre qui s'étaient
accouplés de cette manière dans une boîte où j'en avais
réuni une cinquantaine.

SEPTIÈME PARTIE.

OBSERVATIONS CRITIQUES AU SUJET DE QUELQUES PASSAGES
DES TRAITÉS CHINOIS SUR LES VERS A SOIE.

§ I. *De la poudre de feuilles sèches de mûrier, de la
farine de riz, etc., que les Chinois font manger à
leurs vers à soie.*

Déjà, un peu plus haut, au sujet de l'éclosion simultanée des vers à soie, dont les Chinois prétendent avoir
le secret, je crois avoir fait voir que leurs pratiques ne
valaient pas les nôtres. J'ai maintenant l'intention de
faire d'autres remarques sur quelques-unes des parties
du livre que nous devons à M. Stanislas Julien; mais,
en me livrant à cet examen critique, je déclare formel-
lement que loin de moi est toute intention d'attaquer en
aucune manière le travail du savant professeur. Personne n'a plus d'estime que moi pour l'auteur du *Résumé
des principaux traités chinois sur les vers à soie*; et, si
ce livre était encore à faire, je serais le premier à le
prier de vouloir bien enrichir notre langue de cet ouvrage non moins curieux qu'intéressant. Mais autant
j'estime M. Julien pour son savoir, autant, je dois l'a-
vouer, je suis peu satisfait de quelques-uns des procédés
que les Chinois mettent en pratique pour élever les vers à
soie. Je ne puis dissimuler que je croyais ce peuple,
qui nourrit de ces insectes depuis plus de 4,000 ans,
beaucoup plus avancé dans cette industrie; cependant,
dans cet art comme dans plusieurs autres, les Chinois
paraissent avoir peu perfectionné leurs découvertes et

leurs inventions; ils sont le plus souvent restés stationnaires. Tout en remerciant donc M. Julien de nous avoir fait connaître ce que savent les Chinois touchant les vers à soie, et tout en lui en témoignant ma reconnaissance particulière, je lui demande la permission de faire quelques réflexions sur certains passages de son *Résumé*. Ce qui m'y engage, surtout, c'est que j'ai vu plusieurs personnes, tellement enthousiastes de ce que les Chinois font relativement aux vers à soie, qu'elles regardaient le *Résumé* comme un évangile (1), dont tout devait être pour nous un article de foi. Quant à moi, je considère seulement ce livre comme un ouvrage très-curieux, dans lequel, s'il y a beaucoup de bonnes choses à prendre, il y en a aussi plusieurs qui ne peuvent être regardées que comme des préjugés plus ou moins ridicules, et comme des pratiques bizarres et superstitieuses.

Nous devons convenir, d'ailleurs, que les peuples d'Europe n'ont pas été exempts de semblables préjugés. Ainsi, combien ne trouve-t-on pas de fables dans les naturalistes de l'antiquité, dans Aristote, Théophraste et Pline? A une époque plus rapprochée de nous, Ambroise Paré, Lobel, Dodonée, Dalechamps, J. Bauhin, Claude Duret, etc., n'ont-ils pas débité des contes absurdes sur certaines plantes? Olivier de Serres lui-même, le patriarche de notre agriculture, ne paraît-il pas croire au moyen de produire des vers à soie en les faisant naître spontanément de la chair d'un veau qu'on aurait fait pourrir avec des feuilles de mûrier. Je ne

---

(1) Je n'exagère point, c'est exactement de cette expression que j'ai entendu se servir quelques personnes en parlant du *Résumé*.

parle pas de certaines croyances ridicules qui subsistent
encore de nos jours parmi une grande partie des magnaniers du midi de la France. Aussi je suis tout disposé
à excuser les Chinois de ce que, dans les soins qu'ils
donnent à leurs vers à soie, ils se sont trop souvent
laissé entraîner à des pratiques inutiles ou puériles ; mais
je crois en même temps qu'il est bon de faire connaître
et de signaler leurs erreurs à ceux qui voudraient se livrer à l'industrie des vers à soie, c'est ce que je vais
essayer de faire.

On lit, page 115 du *Résumé des principaux traités
chinois sur les mûriers et les vers à soie*, dont nous
sommes redevables à M. Julien : « Vers la fin de l'automne, lorsque les feuilles de mûrier ne sont pas encore
jaunes, il faut en cueillir une grande quantité. On les
fait sécher et on les brise de manière à les réduire presque en farine. Il faut les conserver dans un lieu chauffé
par un feu qui ne produise pas de fumée. Elles serviront,
l'année suivante, pour nourrir les vers à soie de printemps après chacune de leurs mues. »

Page 119 du même ouvrage, on trouve ce qui suit :
« Si l'on n'a qu'une petite quantité de feuilles nouvelles,
on prend les feuilles qu'on a récoltées dans l'automne
précédent, on les brise de nouveau et on les réduit en
poudre. On humecte légèrement les nouvelles feuilles,
et on y répand d'une manière uniforme cette poudre de
feuilles. On suppléera ainsi à la disette de feuilles de
mûrier. On pourra aussi employer, au lieu de cette farine, les feuilles de la plante appelée *ou kiu* (*cichorium
intybus ?*). » Plus loin, page 127, on lit encore : « La
farine de feuilles que l'on répand sur les feuilles fraîches

remplit le corps des vers à soie (c'est-à-dire est très-nourrissante), et les dispose à faire un cocon ferme et épais, dont la soie est d'une force remarquable. »

Déjà, en 1823 et 1824, j'avais essayé de donner à des vers à soie des feuilles de mûrier de l'année précédente, soit ramollies dans de l'eau tiède, soit sèches et réduites en poudre. De quelque manière que je m'y fusse pris, tous les vers que j'essayai de nourrir, de l'une ou l'autre manière, moururent sans manger de ces feuilles. Depuis ce temps, il ne m'était pas venu dans l'idée de faire de nouveaux essais sur le même sujet ; mais, lorsque j'eus connaissance de la manière dont les Chinois s'y prenaient pour faciliter, à leurs vers à soie, les moyens de manger les anciennes feuilles de mûrier, sèches et réduites en poudre, je résolus d'en essayer de nouveau.

PREMIÈRE EXPÉRIENCE.

En conséquence, le 3 juillet 1837, à dix heures du matin, au moment de donner le troisième repas à des vers qui depuis trois jours avaient fait leur quatrième mue, je donnai, à cinquante d'entre eux, des feuilles de mûrier que j'avais préalablement mouillées et saupoudrées avec de la feuille récoltée à la fin de l'été précédent, séchée convenablement et réduite en poudre très-fine. Je dois dire qu'ayant pris à la lettre ce qui nous est rapporté du procédé des Chinois, j'avais largement saupoudré la feuille fraîche avec la farine de celle qui était sèche ; cependant la poudre, répandue avec un tamis de soie très-fin, avait été distribuée le plus également possible, et il n'y en avait partout qu'une seule couche. Au lieu de

monter promptement sur les feuilles ainsi saupoudrées,
et de se mettre à les manger avec vivacité, de même
que le font tous les vers chaque fois qu'on leur donne
un nouveau repas, à cette époque de leur existence, les
cinquante vers qui font le sujet de cette observation
se mirent à tourner tout autour, mais n'en mangèrent
point. Trois seulement y goûtèrent, pour ainsi dire, en
attaquant chacun une feuille par le bord qui était le
moins couvert de poudre ; mais ils ne continuèrent pas
à en manger dès qu'ils furent arrivés à une partie où il
y en avait davantage ; quatre autres vers attaquèrent aussi
çà et là quelques autres feuilles, en les prenant par-
dessous, parce qu'ils n'avaient pas trouvé de poudre en
cette partie, et qu'ils n'avaient pu être affectés de l'odeur
assez forte que rendait cette poudre de feuilles sèches de
mûrier ; mais dès que ces quatre vers eurent plus ou
moins complétement percé les feuilles fraîches, et qu'ils
furent arrivés à ne pouvoir plus manger sans prendre
en même temps plus ou moins de poudre, ils cessèrent
de faire mouvoir leurs mâchoires, et se mirent comme
les autres à chercher à droite et à gauche un aliment
qui fût plus à leur convenance. Après avoir observé
les vers pendant plus de vingt minutes, voyant qu'aucun de mes cinquante vers ne voulait manger de feuilles
de mûrier ainsi saupoudrées, j'enlevai celles-ci de dessus les vers, qui, en général, n'étaient pas même montés
dessus, et je leur donnai de la feuille fraîche sans aucune
addition, et tout de suite ils se mirent à en manger et à
monter dessus. Pendant que mes vers étaient occupés à
manger leur nouveau repas, je lavai soigneusement avec
de l'eau toutes les feuilles qui avaient été saupoudrées,

je les essuyai convenablement, et, trois heures après, je
les donnai aux mêmes vers qui n'avaient pas voulu les
manger lorsqu'elles étaient couvertes de poudre. Une
demi-heure après, il n'en restait plus que des vestiges,
et les 7/8 avaient été mangés, excepté, toutefois, une petite feuille qui avait été moins bien lavée et imparfaitement essuyée. Deux à trois vers y avaient goûté,
mais ils l'avaient promptement laissée là.

Cette expérience me paraît péremptoire, et je ne
pense pas qu'après cela on puisse encore croire à la
propriété que les Chinois attribuent à la poudre de
feuilles sèches de mûrier, de faire produire aux vers à
soie des cocons plus fermes, plus épais et plus forts.
Cependant je dois dire que quelques personnes qui sont
imbues de l'opinion que tout ce que les Chinois font, en
fait de vers à soie, doit être bon, ont donné à leurs
vers de cette poudre de feuilles sèches, et qu'elles ont
proclamé que cela leur avait été avantageux; mais
j'ai vu de quelle manière elles le faisaient; elles n'en
donnaient véritablement que des atomes qui n'altéraient
pas la feuille fraîche. Il faut, selon moi, avoir une foi bien
forte pour croire que ces parcelles de poudre de feuilles
sèches puissent avoir une influence heureuse sur la
production des cocons. Quant à moi, je suis ferme-
ment persuadé que cette quantité minime de poudre,
que je puis estimer tout au plus au cinquantième du
poids de la feuille fraîche, n'a été mangée sans répugnance par les vers à soie que parce qu'elle n'altérait
pas assez la feuille fraîche pour que l'insecte pût, en
quelque sorte, reconnaître sa présence, et qu'alors il
n'a pas plus de répugnance à manger celle-ci, lorsqu'elle

n'est que très-légèrement saupoudrée, qu'il n'en a pour
la feuille de mûrier cueillie sur les bords d'une grande
route, quoique assez souvent elle soit plus ou moins re-
couverte par la poussière que le vent élève du chemin.
Si la feuille desséchée du mûrier était réellement bonne
et utile au ver à soie pour lui faire produire un plus
beau cocon, il me semble que son instinct ne l'en re-
pousserait pas ; au contraire, il devrait la manger avec
plaisir, ce qui n'est pas du tout, ainsi que nous venons
de le voir.

Quoique, d'après l'expérience rapportée ci-dessus,
on puisse regarder comme une chose démontrée que les
feuilles sèches du mûrier, réduites en poudre, ne peuvent servir à l'alimentation des vers à soie, puisque
ces insectes répugnent à les manger pour peu qu'elles
soient en trop grande quantité sur la feuille fraîche, je
conçois, cependant, qu'on ait eu l'idée de les employer
à cet usage ; on y aura été probablement conduit par
analogie. Les Chinois, comme nous, sans doute, nourrissent leurs chevaux et leurs bestiaux avec du fourrage
sec pendant l'hiver, et même durant une plus ou moins
grande partie de l'année ; de là ils se seront imaginé
qu'on pouvait aussi faire, avec des feuilles de mûrier, du
fourrage sec pour les vers à soie ; mais je suis surpris
que les Chinois aient été jusqu'à se persuader qu'on pouvait ajouter à la nourriture de ces insectes avec des farines et des fécules, qui n'ont pas la moindre analogie
avec l'aliment ordinaire qui leur a été donné par la nature, et qui paraît être tellement spécial pour eux, qu'il
n'a pas été possible de le remplacer, quoiqu'on ait essayé, peut-être, de deux à trois cents végétaux différents.

Il n'y a que quelques arbres du genre mûrier, ou de la même famille, qui puissent servir à nourrir ces insectes. On ne manquera pas de m'objecter qu'on a élevé des vers à soie avec des feuilles de scorsonère ; mais je répondrai que les vers ainsi nourris sont morts en grand nombre pendant l'éducation, et que ceux qui ont survécu n'ont produit que de faibles cocons, moitié moins pesants que ceux qu'on recueille ordinairement en les alimentant avec des feuilles de mûrier. Je suis, d'ailleurs, porté à croire que si la scorsonère peut servir, tant bien que mal, à alimenter les vers à soie, c'est que cette plante contient un suc propre, lactescent et gommo-résineux qui, jusqu'à un certain point, a de l'analogie dans ses principes avec celui du mûrier ; car je considère, avec quelques autres personnes, ce suc lactescent, convenablement élaboré par les organes digestifs et sécréteurs des vers, comme la matière première de leur soie. Je ne vois, au contraire, aucune analogie de ce genre entre les feuilles de mûrier et les fécules ou les farines qu'il convient, selon certains traités Chinois, de donner aux vers à soie. Lorsque ces insectes ont faim, ils mangent, il est vrai, en même temps que la feuille fraîche du mûrier, de certaines quantités de ces farines ou fécules ; mais je suis persuadé que celles-ci ne servent pas du tout à leur nutrition, et que les chimistes qui voudraient prendre la peine de les rechercher dans les excréments des vers à soie les y retrouveraient probablement tout entières et non digérées.

Au reste, voici ce qu'on trouve dans le *Résumé* sur les prétendues propriétés de ces fécules ou farines, et sur la manière de les employer : « Le huitième jour du dernier mois (janvier), on fait tremper dans de l'eau fraîche de petits pois verts appelés *lo-teou* (dolichos). On les étend sur des claies, par couches peu épaisses, et on les fait sécher au soleil. En outre, on lave, dans une eau pure, du riz mondé, et on le fait sécher. On doit conserver ces pois verts et ce riz dans un endroit situé à l'ombre. La farine qu'on en aura obtenue servira à nourrir les vers à soie au sortir de leur dernier sommeil ou de leur dernière mue. On la répand d'une manière égale sur les feuilles qu'on leur a données. Pag. 116. »

Un peu plus loin, pag. 119, on lit ce qui suit : « On prend alors (quand les vers à soie s'éveillent de leur grand sommeil) les petits pois verts qu'on a mis en réserve au mois de janvier, et on les fait tremper dans une petite quantité d'eau jusqu'à ce qu'ils aient germé; ensuite on les fait sécher et on les réduit en farine. Le riz mondé, qu'on a mis également en réserve au mois de janvier, peut être employé au même usage, après avoir été cuit à la vapeur et réduit en farine. Au quatrième repas, on répand cette farine d'une manière uniforme sur les feuilles de mûrier; elle rafraîchit les vers à soie et dissipe la chaleur interne qu'ils ressentent, à cette époque de leur âge, et qui est pour eux un poison mortel. La soie qu'ils donnent ensuite est plus abondante et plus facile à dévider; en outre, elle est plus forte et plus brillante. »

Au sujet du premier de ces passages, je pourrais d'abord demander pourquoi ce jour préfix du 8 de janvier, pour faire une opération à laquelle tous les jours de l'année paraissent également propres, à moins que ce 8 janvier ne soit consacré dans le calendrier chinois, et qu'il ne s'y rattache quelque idée religieuse. Comme personne ne pourrait probablement résoudre cette question, je l'abandonne; mais, dans l'état où est parvenue, chez nous, la physiologie des insectes, je demanderai aux savants qui s'occupent de cette partie de l'histoire naturelle, comment ils conçoivent que les farines en question puissent rafraîchir les vers à soie, et dissiper la chaleur interne qu'ils ressentent à cette époque de leur âge, et qui est pour eux un poison mortel? Quant à moi, je n'hésiterai pas à dire que je ne crois pas que les vers à soie aient jamais une chaleur interne, et je conçois encore moins que des farines susceptibles de fermentation puissent dissiper une chaleur interne, si toutefois elle pouvait être admise. Enfin, dire que des farines de pois verts et de riz rendent la soie plus forte et plus brillante, c'est, selon moi, qu'on me passe la comparaison, prétendre qu'on pourrait engraisser de la volaille avec des herbes hachées, au lieu de leur donner des substances féculentes et farineuses.

Mais, les vers à soie peuvent-ils manger réellement les farines ou les fécules dont on saupoudre les feuilles de mûrier? Oui, ils les mangent lorsqu'elles ne sont que dans de faibles proportions, mais sans que cela produise sur eux aucun effet appréciable. Ainsi, selon M. Robinet (*Situation de l'industrie sérigène dans le département de la Vienne en* 1838, p. 59), « on a essayé, d'après les indications des auteurs chinois, de saupoudrer la feuille fraîche avec de la poussière de feuilles de mûrier de l'année précédente, et aussi avec de la farine de riz. On a saupoudré légèrement la feuille mouillée, et, parmi quatre châssis égaux, l'un a été traité avec la poussière de feuilles, l'autre avec la farine de riz, à raison d'environ une demi-livre pour 20 à 3o livres (c'est-à-dire au quarantième ou au soixantième de poudre pour le poids de la feuille fraîche). Les résultats n'ont présenté aucune différence entre les quatre châssis, dont deux n'avaient pas reçu ces additions de nourriture. Les vers ont mangé et poudre et farine; mais les cocons n'ont présenté aucune différence avec les autres. »

« En résumé, voici ce qui ressort de cette expérience (ce sont toujours les paroles du rapport sur l'éducation de M. Robinet que j'emprunte) : 1° on peut, sans inconvénient, saupoudrer la feuille mouillée par accident, avec l'une ou l'autre poudre; cela la sèche, et c'est un avantage que de neutraliser de la feuille mouillée; 2° la dépense qui résulterait de l'emploi des poudres sur la feuille qu'on mouillerait exprès ne serait pas compensée par un produit plus grand. C'est donc seulement un procédé hygiénique à employer au besoin. »

Je tiens d'un autre éducateur, qui avait pris la chose plus au sérieux, qu'ayant voulu essayer si des vers à soie pourraient vivre rien que de farine de riz et de fécule de pomme de terre, tous ceux qu'il mit exclusivement sur ces deux substances moururent en plus ou moins de temps, sans qu'il ait pu les voir en manger la moindre parcelle. Je crois donc pouvoir conclure de ce qui précède que, dans toutes ces substances étrangères à la feuille de mûrier fraîche, il n'y a réellement rien qui puisse servir à alimenter les vers à soie. Au reste, pour m'assurer dans quelles proportions les vers pourraient les manger, j'ai chargé de différentes espèces de poudre des feuilles de mûrier fraîches, et je les ai

données à des vers à soie. J'ai d'abord employé celles
recommandées par les Chinois, et ensuite plusieurs
autres sortes n'ayant aucun rapport aux choses alimentaires, et de toutes ces substances je suis parvenu à en
faire manger à mes vers à soie dans des proportions
assez considérables, sans que, cependant, cela ait paru
avoir aucune influence sur la santé des vers ni sur les
cocons qu'ils ont faits.

Voici la série d'expériences que j'ai faites à ce sujet.

DEUXIÈME EXPÉRIENCE.

Le 1er août 1838, je pris une cinquantaine de vers à
soie qui venaient de faire leur quatrième mue, et je
répétai ma première expérience ci-dessus, n° 1, en ne
saupoudrant les feuilles fraîches que d'un quart ou d'un
cinquième de la poudre que j'avais employée la première fois. À cette faible dose toutes les feuilles furent
mangées, moins les grosses nervures.

TROISIÈME EXPÉRIENCE.

Le lendemain, 2 août, il fut donné, aux mêmes vers
à soie que ci-dessus, des feuilles de mûrier saupoudrées
avec de la farine de riz, au poids du vingtième des feuilles fraîches ; au bout d'une demi-heure, il ne restait plus
que quelques fragments de ces feuilles. Un repas tout
semblable fut donné trois heures après le premier aux
mêmes vers, et les feuilles furent de même mangées
avec la farine de riz, dont elles étaient légèrement saupoudrées.

QUATRIÈME EXPÉRIENCE.

Le même jour, de la fécule de pomme de terre, dans
la proportion du vingtième du poids des feuilles, fut

donnée, à deux reprises différentes, à cinquante autres vers à soie qui mangèrent le tout, de même que dans les expériences 2 et 3.

La croyance des Chinois et de ceux qui suivent leurs errements est que la poudre de feuilles sèches, celle de riz et d'une espèce de dolichos ou haricot, contribuent à la nourriture des vers à soie, et leur font même produire de plus beaux cocons. J'avoue franchement que je ne puis admettre cette croyance, et que la mienne est, au contraire, ainsi que je viens de le dire un peu plus haut, que ces poudres ne peuvent, en aucune manière, servir d'alimentation aux vers, mais qu'ils peuvent seulement les manger lorsqu'elles ne sont pas en trop grande quantité sur les feuilles, ainsi que dans les pays du Midi, où les mûriers bordent souvent les grandes routes, leurs feuilles peuvent être mangées par les vers, quoiqu'elles soient quelquefois plus ou moins couvertes de la terre qui voltige sous forme de poussière sur tous les chemins très-fréquentés. Mais les habitants de l'Italie, de la Provence, du Languedoc, etc., ne se sont jamais imaginé de dire que cette poussière des routes, dont se chargent plus ou moins les feuilles de leurs mûriers, pouvait contribuer à la nourriture des vers à soie.

Quoi qu'il en soit, dans la persuasion où je suis que la poudre de feuilles sèches de mûrier, celle de riz, etc., ne sont que des substances inertes pour les vers à soie, qui peuvent les manger dans de certaines proportions sans qu'elles leur soient nuisibles, mais aussi sans qu'elles leur soient profitables, j'ai soumis des vers à soie à de nouvelles expériences, et je suis parvenu à faire manger aux larves de ces insectes des substances fort diverses et dans lesquelles je ne pense pas qu'on puisse jamais trouver quelque chose qui soit alimentaire pour aucune espèce d'animal.

CINQUIÈME EXPÉRIENCE.

À peu près à la même époque que je viens de citer, c'est-à-dire le 3 août, je fis manger, toujours à une cinquantaine de vers à soie, des feuilles de mûrier saupoudrées de sucre pulvérisé, d'abord au douzième du poids des feuilles, et ensuite au huitième seulement. Dans ces deux expériences, il ne resta chaque fois, au bout d'une demi-heure, que les grosses nervures des feuilles.

SIXIÈME EXPÉRIENCE.

Le lendemain, ou le 4 août, je saupoudrai de charbon réduit en poudre une certaine quantité de feuilles de mûrier ; la poudre étant au quinzième du poids des dernières, qui furent placées au-dessus de cinquante vers à soie autres que les précédents, mais qui étaient dans la même phase de leur vie. Bientôt ces feuilles furent attaquées et mangées par les vers, de manière qu'au bout de trente-six à quarante minutes il n'en restait que les grosses nervures et quelques portions sur lesquelles la poudre de charbon avait été plus abondante. Le même jour, et de trois heures en trois heures, deux autres repas tout semblables furent donnés aux mêmes vers, et les résultats ne furent pas différents de ce qu'ils avaient été la première fois.

SEPTIÈME EXPÉRIENCE.

Le même jour que ci-dessus, je mis à part cinquante autres vers à soie qui en étaient au troisième jour après leur dernière mue, et, au moment où ils auraient dû recevoir un repas de feuilles fraîches de mûrier, je plaçai au-dessus d'eux de ces feuilles saupoudrées de terre réduite en poussière, celle-ci faisant le quinzième du poids des feuilles elles-mêmes. Les vers, qui étaient alors dans cette partie de leur vie qu'on appelle la grande frèze, mangèrent ces feuilles absolument comme si elles n'eussent été chargées d'aucune matière étrangère. Quelques heures après, et dans la même journée, je répétai cette expérience, qui eut encore le même résultat.

HUITIÈME EXPÉRIENCE.

Ce que j'avais fait avec de la terre en poussière, je l'essayai, le 5 et le 6 août, avec de la craie réduite en poudre. Le premier jour, les feuilles ne furent chargées de cette dernière poussière qu'à la dose du vingtième du poids des premières ; mais, le second jour, je portai la dose de la poudre au quinzième, et, le second jour comme le premier, les cinquante vers employés à cette expérience ne laissèrent, des feuilles saupoudrées de craie, que les grosses nervures.

Je m'étais convaincu, par mes premières expériences, que les vers à soie, à une certaine époque de leur vie, pouvaient manger, avec les feuilles de mûrier, certaines substances qui, étant alimentaires pour d'autres animaux, avaient pu induire en erreur et faire croire qu'elles pouvaient aussi servir à leur nutrition. Les dernières m'avaient d'ailleurs prouvé qu'il était également possible à ces insectes de manger, en même temps que les feuilles de mûrier, des choses qu'il répugnait à la raison de regarder comme propres à servir d'aliment à un animal quel qu'il fût. D'après cela, je fus confirmé dans l'opinion que j'avais toujours eue, que si les vers à soie mangeaient les farines de riz, de haricots, la fécule de pomme de terre et les feuilles sèches de mûrier, ils ne le faisaient pas par goût et par inclination, et pour que cela pût servir à leur alimentation, mais seulement parce qu'ils y étaient, pour ainsi dire, forcés. En effet, lorsque toutes ces substances étrangères ne sont pas en trop grande quantité sur les feuilles de mûrier, l'insecte, obligé d'assouvir le besoin de la faim, les dévore en même temps que la feuille qui doit l'alimenter; dans ce cas, celle-ci seule est employée à sa nutrition, tandis que les autres substances passent avec la première à travers son canal intestinal; mais elles ne sont en aucune manière digérées par lui, encore moins assimilées à sa propresubstance, et elles ne peuvent, par conséquent, lui servir en aucune manière à la production de la soie, encore moins lui donner les moyens d'en produire de plus forte et de plus abondante.

NEUVIÈME EXPÉRIENCE.

Enfin j'ai voulu faire une dernière tentative pour prouver qu'il n'y avait aucune substance qu'on ne pût, à la rigueur, faire manger aux vers à soie. A cet effet, le 5 août, je pris des crottes sèches de ces insectes, je les réduisis en poussière, et, avec un petit tamis, j'en saupoudrai des feuilles fraîches de mûrier, de manière que les crottes fussent aux feuilles dans la proportion du quinzième du poids de ces dernières. Ces feuilles, ainsi préparées, furent servies à cinquante vers à soie autres que ceux employés aux précédentes expériences. Ces insectes

furent quelque temps à les attaquer ; je crus d'abord
qu'ils ne voudraient pas les manger, et, lorsqu'ils le firent, plusieurs d'entre eux, après en avoir pris huit à dix
bouchées, les laissaient ou cherchaient les parties de
feuille qui avaient moins de poudre ; d'autres continuaient à manger jusqu'à ce qu'ils trouvassent une portion de feuille trop fortement saupoudrée. Enfin, au
bout de trois quarts d'heure, il restait beaucoup plus
de ces feuilles que des précédentes ; mais j'estimai que
toutes les parties qui n'avaient pas été chargées de plus
d'un trentième de la poudre des crottes furent mangées
par les vers.

Quant aux cocons produits par les vers à soie soumis
à ces diverses expériences, je ne trouvai pas qu'il y eût
de différences appréciables dans leur poids ou dans leur
consistance, soit que les vers n'eussent mangé que des
feuilles de mûrier sans aucune addition, soit que j'y
eusse ajouté des farines ou des fécules, soit enfin que
j'eusse placé les vers sur des feuilles saupoudrées de
terre, de craie, de charbon de bois et même des excréments des vers.

§ II. *Des bains particuliers que les Chinois font prendre
aux œufs de vers à soie, etc.*

Il paraît que les Chinois mettent une grande impor-
tance à baigner les œufs de leurs vers à soie dans des
eaux de différentes natures ; car nulle autre chose n'est
autant recommandée dans le *Résumé*. Ainsi, page 95,
on trouve la recommandation de baigner la graine dans
de l'eau salée pendant vingt-quatre jours. Page 97, dit
le livre chinois : « Il y a des personnes qui arrosent la

graine avec de l'eau salée.... Cette graine, ainsi lavée,
produit les vers à soie les plus estimés.... Les vers
dont on ne lave pas la graine sont moins estimés que
les précédents. »

Un peu plus loin, page 98, il est dit : « Le douzième
jour de la dernière lune, en décembre ou janvier, s'il
y a un mois intercalaire, on fait tremper la graine dans
de l'eau salée, et on la retire le vingt-quatrième jour,
alors la soie sera plus facile à dévider.» Plus bas, dans
la même page, au lieu d'eau salée, c'est dans une lessive
de cendres de branches de mûrier qu'il faut tremper
les œufs avec des précautions particulières.

Page 100 : « C'est dans une eau où l'on a préalablement
écrasé les feuilles des plantes *thsaï* et *yé-thaï*, des
fleurs de poireau, de pêcher et de haricots blancs, qu'on
baigne les feuilles de papier sur lesquelles sont attachés
les œufs des vers à soie. »

Page 101, dit le *Résumé* : « Lorsque le printemps
est venu, on observe avec attention l'époque précise où
la graine est sur le point d'éclore; on prend du cinabre
en poudre, on le délaye dans de l'eau tiède, et on baigne
la graine dans cette eau, etc.»

Page 105 : « Au solstice d'hiver, et le huitième jour
de la dernière lune, il ne faut pas baigner la graine dans
une eau trop profonde, etc. » Je ne rapporte pas le
reste de ce paragraphe, beaucoup trop long, et qui ne
renferme que des pratiques minutieuses dont l'utilité
est très-contestable.

A la page 111, toujours du *Résumé*, on trouve pres-
crit un liquide très-différent de ceux qui ont été indiqués

jusqu'ici, et ce liquide, dont on doit arroser la graine, est de l'urine de vache.

A la page 170, on conseille, d'après les méthodes qu'on suit dans les districts de *Kia* et de *Hou*, d'exposer les feuilles de papier couvertes d'œufs à la rosée du ciel, ou bien de les laver dans de l'eau de chaux.

Enfin, à la page 171, on lit ce qui suit : « Les personnes qui exposent les feuilles à la rosée du ciel mettent ces feuilles sur des corbeilles d'osier qu'elles placent aux quatre angles du toit... ; elles les abandonnent ainsi à la gelée, à la neige, au vent, à la pluie, au tonnerre et aux éclairs. »

C'est dans l'intention de se procurer des vers à soie plus estimés, ce qu'il faut entendre probablement par plus robustes et mieux portants, et pour avoir des cocons dont la soie soit plus facile à dévider, que les Chinois mettent en pratique plusieurs de ces préceptes ; mais qui voudra croire à leur efficacité réelle ? Jusqu'à présent, aucun magnanier, en France et en Europe, n'avait fait, que je sache, rien de semblable, et je ne crois pas qu'il y en ait beaucoup aujourd'hui qui soient tentés d'essayer l'emploi de pareils procédés sur la foi des auteurs chinois.

Lorsque, ainsi que je l'ai dit plus haut, pages 4, 6, 9 et suivantes, j'ai exposé des œufs de vers à soie pendant sept mois de l'automne, de l'hiver et du printemps, à toutes les intempéries de l'atmosphère, comme gelées, neiges, pluies, vents, orages, etc., ou lorsque je les ai soumis à une immersion plus ou moins prolongée, ce n'était nullement dans l'intention de fortifier cette graine et les larves qui en naîtraient, je ne voulais trouver dans ces expériences que des preuves de la constitution robuste des vers à soie. Ce n'est donc que sous ce dernier rapport que mes observations ont été présentées.

Mais puisque, dans cet article, il est principalement question des bains que les Chinois font prendre à la graine de vers à soie, je reviens sur l'expérience dont je n'ai cité que le commencement à la page 10, et je vais dire dans quelle proportion s'est faite l'éclosion des œufs de vers à soie que j'ai tenus submergés pendant plus ou moins longtemps à la fin de décembre 1837.

Sur cent trente-six œufs submergés du 15 décembre au 19, c'est-à-dire pendant quatre jours, six n'ont point éclos.

De cent vingt-quatre œufs submergés depuis le 15 décembre jusqu'au 24, ou pendant neuf jours, deux n'ont pas éclos.

Sur deux cent trois œufs submergés du 15 décembre au 29, ce qui fait quinze jours, deux seulement ont manqué à éclore.

Enfin, de quatre cent douze œufs plongés dans l'eau depuis le 15 décembre jusqu'au 1er janvier 1838, ou pendant près de dix-huit jours, il y en eut soixante-neuf qui n'ont point éclos.

L'eau que j'ai employée à cette expérience était de celle de la Seine : je la renouvelai trois fois dans le courant de l'expérience, et sa température a varié de zéro à 4 degrés au-dessus.

Il ne me paraît pas qu'on puisse tirer de cette expérience aucune conclusion utile; elle fait seulement voir que la submersion des œufs de vers à soie dans l'eau pendant plusieurs jours de suite, depuis quatre jours jusqu'à dix-huit, ne leur a pas été nuisible ; mais je n'y vois rien d'où l'on puisse inférer qu'elle leur a été avantageuse. Un peu plus bas je dirai que l'immersion des œufs de vers à soie peut être prolongée encore plus longtemps sans beaucoup d'inconvénients.

Dans l'état de nature, les œufs de vers à soie, attachés aux rameaux des mûriers sur lesquels leur chenille a vécu, supportent toutes les intempéries des saisons ; aussi avons-nous vu plus haut, page 4, qu'ils pouvaient supporter 15 à 18 degrés de froid au thermomètre de Réaumur. Mais il me semble que de les tenir submergés constamment dans l'eau pendant un laps de temps plus ou moins considérable, ce doit être pour eux un état contre nature. Cependant on vient de voir combien peu cela leur a été nuisible ; mais s'ensuit-il qu'un bain d'eau salée, d'eau de chaux, d'urine de vache, etc., pendant quelques heures et même vingt-quatre jours durant, ainsi que le font les Chinois, soit une chose véritablement utile pour le ver futur et pour la soie du cocon qu'il filera. Quant à moi, je dois dire que j'en doute très-fort, j'avouerai même que je n'y crois pas du tout. Je ne puis admettre, comme M. Puvis (*Propagateur de l'industrie de la soie en France*, tome 1, page 183 et suivantes), que les diverses préparations que les Chinois font subir à leurs œufs les rendent plus propres à une éclosion simultanée, et j'apporte en preuve de mon opinion l'éclosion de six cent un vers dont les œufs ont été exposés à toutes les intempéries de l'atmosphère, depuis le 1er novembre 1836, (jusqu'au milieu du mois de juin suivant), qui a mis onze jours pour être accomplie en totalité ; voyez pages 14 et 15.

(189)

Je n'avais, en décembre 1837, laissé mes œufs de vers
à soie submergés dans l'eau que pendant dix-huit jours ;
j'ai été curieux, cette année, de pousser plus loin cette
expérience. En conséquence, le 28 février 1839, je
plaçai, sur une fenêtre, au nord-est, de nouveaux œufs
dans quatre liqueurs différentes, qui étaient de l'eau de
chaux, de l'eau salée, du vin de Bordeaux et de l'alcool
à 22 degrés. Ces œufs sont restés submergés dans ces
liquides jusqu'au 2 avril suivant, ou trente-trois jours
en tout. Vingt-quatre heures après en être sortis, les
œufs avaient la couleur et le même aspect qu'avant leur
immersion. Impatient de connaître le résultat de cette
dernière expérience, je plaçai, le 22 avril suivant, une
partie de mes œufs dans une serre chaude, où ils ont
commencé à éclore le 7 mai ; et six jours après, ou
le 13, à deux heures de l'après-midi dudit, voici dans
quelle proportion les vers étaient éclos. Sur cent soixante
cinq œufs submergés dans de l'eau de chaux, il était
né. . . . . 133 vers.

Sur cent dix œufs dans de l'eau salée, il
était né.. 82

De cent soixante-six œufs plongés dans
le vin de Bordeaux, il était provenu. . . . 59

Et enfin de cent neuf œufs mis dans
l'alcool, il n'y avait d'éclos que. . . . 38

L'éclosion n'est d'ailleurs pas encore terminée, et il
est à croire qu'elle se continuera encore pendant deux
à trois jours.

Les conséquences à tirer de cette dernière expérience
c'est que, de l'immersion des œufs de vers à soie dans
les quatre liquides dont il vient d'être question, pen-

dant trente-trois jours, c'est celle dans l'eau de chaux qui a le moins altéré l'embryon, et que c'est au contraire celle dans l'alcool à 22 degrés qui lui a été le plus nuisible. Dans tous les cas, la submersion complète dans aucune de ces liqueurs n'a pu anéantir complétement l'embryon, dans les œufs de vers à soie qui ont été soumis à cette épreuve; ce qui prouve, selon moi, combien est grande la force de conservation que la nature a donnée à l'œuf d'un faible insecte contre les agents de destruction.

Outre les bains de diverses sortes que les Chinois font prendre aux œufs de vers à soie, ils les exposent, ainsi qu'on l'a vu, à la rosée, au vent, à la gelée, aux éclairs, au tonnerre, et, comme je vais le dire, au froid, à la neige, au soleil. Ainsi, page 101 : « Lorsqu'il y a beaucoup de neige, on étend au milieu d'elle les feuilles couvertes de graine. » Plus loin, à la page 105 : « Au solstice d'hiver..., le quinzième jour de la lune..., on suspend les feuilles de papier couvertes de graine devant le vestibule, afin qu'elles reçoivent le froid qui se fait sentir dans les derniers jours de l'année. » Enfin, page 106 : « A l'époque appelée *kou-iu* (le 20 avril), on prend les feuilles et on les expose à l'air et au soleil; mais il faut les disposer de manière à mettre en dedans la partie qui était en dehors. Vous roulez de gauche à droite celles qui étaient roulées de droite à gauche, etc. »

Par toutes ces pratiques minutieuses, les Chinois paraissent avoir l'intention de rapprocher les œufs des vers à soie de la situation où ils se trouvent dans l'état de nature, exposés qu'ils sont alors aux diverses inclé-

mences des saisons. Mais il me semble que, sous ce rapport, ils se sont trompés ; au moins, la pratique des
peuples de l'Europe est, en général, opposée à la leur.
Pour améliorer nos races d'animaux domestiques nous
les abandonnons, le moins que nous le pouvons, à la
nature, et nous leur évitons, autant qu'il nous est possible, les intempéries de l'atmosphère.

§ III. *Des éducations accélérées.*

Ce que les Chinois paraissent entendre le mieux, c'est
la manière de distribuer les repas aux vers à soie ; à ce
sujet, voici ce qu'on trouve dans le *Résumé*, p. 116
et 117 : « Il faut absolument donner à manger aux vers
à soie le jour et la nuit. Si leurs repas sont multipliés, il
en résulte nécessairement qu'ils arrivent vite à l'époque
de leur vieillesse ; mais, si leurs repas sont rares et peu
nombreux, ils vieilliront lentement. »

« Quand les vers vieillissent en vingt-cinq jours, une
claie peut donner vingt-cinq onces de soie ; quand ils
vieillissent en vingt-huit jours, on n'en obtient que
vingt onces ; s'ils vieillissent en un mois ou en quarante
jours, une claie ne donnera plus qu'une dizaine d'onces
de soie. »

Ces deux paragraphes du livre chinois sont certainement une des meilleures choses contenues dans cet
ouvrage. Il ne paraît pas douteux qu'il doit y avoir de
l'avantage à accélérer l'éducation des vers à soie par des
repas fréquents ; mais il faut en même temps que les vers
soient placés dans un milieu tenu dans un certain degré
de chaleur soutenue ; les procédés des Chinois laissent un peu à désirer sous ce dernier rapport. Le ther-

momètre, par le moyen duquel nous pouvons facilement
graduer la chaleur à volonté, étant inconnu en Chine,
ce n'est que par l'impression de froid ou de chaud res-
sentie par les personnes qui sont avec les vers à soie, que
celles-ci jugent s'il faut augmenter ou diminuer le feu
dans la chambre où se fait l'éducation. Voici ce qu'on
trouve, à ce sujet, dans le *Résumé*, p. 131 et 132 : « Dans
ces quatre époques (le matin et le soir, le milieu du jour
et le milieu de la nuit), la température n'est jamais la
même. Quoique l'on conserve un bon feu dans l'atelier,
on doit apporter une grande attention pour le tenir au
degré convenable à chacune de ces quatre époques. La
proportion de la chaleur ne doit pas être constamment
la même. Depuis leur naissance jusqu'à leur second
sommeil, les vers à soie ont besoin d'une chaleur tiède.
La mère des vers à soie (la personne qui les soigne)
doit porter un vêtement simple (c'est-à-dire non doublé).
Elle réglera la température de l'atelier suivant la sen-
sation de froid ou de chaud qu'elle éprouvera. Si elle
sent du froid, elle jugera nécessairement que les vers
à soie ont froid; et alors elle augmentera le feu; si elle
sent de la chaleur, elle conclura que les vers à soie ont
aussi trop chaud, et alors elle diminuera convenablement le feu. »

Tout en rendant justice à ce que le livre chinois
présente de bon dans les trois passages que je viens de
citer, il faut cependant reconnaître qu'il y a beaucoup
d'exagération dans le second paragraphe sur le produit
que peut donner une claie de vers; car, à moins de
circonstances particulières, il ne peut jamais y avoir un
produit de trois cinquièmes en moins dans une éduca-

tion qui aura duré quarante jours, comparée à une autre dont la durée n'aura été que de vingt-cinq jours.

J'ai donné ailleurs (voyez *Mûriers et vers à soie*, chez madame Huzard, 1832, page 27) les proportions dans lesquelles avaient été les pertes que j'avais éprouvées dans mes éducations expérimentales ; mais alors je n'avais pas pensé à comparer si la plus grande perte avait toujours été en raison de ce que l'éducation avait été plus prolongée ; j'ai seulement le souvenir qu'il n'en avait pas toujours été ainsi. Effectivement, dans les nouvelles expériences que j'ai faites depuis, et dans celles des anciennes dont j'avais conservé les notes, je n'ai pas toujours trouvé que les éducations les plus courtes aient été constamment les meilleures ; car voici dans quelles proportions a été la perte des vers comparée à la longueur des éducations.

Dans une éducation dont la durée a été de trente-trois jours, la perte des vers a été. . . . . de 1/3

Dans une autre de trente-trois jours.. . . de 1/4

Dans une de trente-cinq jours.. . . . de 1/2

de trente-cinq jours.. . . . de 1/5

de trente-cinq jours.. . . . de 1/5

de quarante jours. . . . . de 1/4

de quarante jours. . . . . de 1/8

de quarante-un jours. . . . de 1/2

de quarante-trois jours.. . . de 1/9

de quarante-cinq jours. . . . de 7/12

de quarante-neuf jours.. . . de 5/12

de cinquante-sept jours.. . . . de 1/3

En lisant cette partie de mon mémoire, plusieurs personnes seront probablement surprises des pertes que

j'annonce avoir faites dans mes éducations, et me de-
manderont comment cela est possible, mes éducations
n'ayant jamais été nombreuses (1), mais seulement de
quelques centaines de vers, ce qui, sous le rapport de
la salubrité, les plaçait dans les circonstances les plus
favorables, et l'on trouvera sans doute que j'aurais dû
éprouver bien moins de pertes. On devra être d'autant
plus étonné des pertes dont je conviens, qu'on trouve
dans certains ouvrages les pertes annoncées réduites à
presque rien ou même tout à fait à rien (2). A cela je
répondrai que, n'ayant jamais pu faire mes éducations
que sous des températures variables, je dois attribuer
en grande partie la perte très-considérable que j'ai faite,
dans plusieurs cas, à ces variations extraordinaires et
souvent trop brusques de température que mes vers ont

(1) Cependant, en 1830 et en 1831, j'ai élevé les vers provenant de
deux onces de graine, c'est-à-dire quatre-vingt mille à quatre-vingt-dix
mille vers à soie; mais ces éducations ne comptent pas dans celles que
j'ai entreprises dans le seul but de faire des expériences. J'ai dit ailleurs (*Mûriers et vers à soie*, 1832, p. 28) combien mon éducation
de 1830, entreprise avec plus de deux onces de graine, et qui se pré-
sentait d'abord sous les plus belles apparences, avait été malheureuse
par suite de la gelée dont mes mûriers avaient été frappés le 26 avril
de cette année-là. .

(2) Bertezen est le premier, à ma connaissance, qui se soit vanté de
ces succès extraordinaires. Dans une éducation de vingt-cinq mille
vers qu'il fit à Paris en 1791, il prétendit n'en avoir perdu qu'une
centaine, et encore par des accidents!!!

J'ai fait remarquer un peu plus haut ce que je croyais exagéré dans
le nombre de cocons qu'on prétendait avoir obtenus de vers à soie exposés à l'air libre, et voilà qu'aujourd'hui je trouve dans deux journaux
agronomiques, et même dans un troisième spécialement consacré à l'industrie de la soie, que dans une éducation tardive qui a duré une qua-
rantaine de jours, qui s'est prolongée jusque dans les derniers jours
d'octobre, et qu'on a commencée avec mille trente-six vers, il y a eu
production de mille trente-six cocons, ni plus ni moins. S'il n'y a ici
aucune erreur de chiffres, c'est, en vérité, la chose la plus merveil-
leuse qu'on puisse jamais voir!!!

eu à éprouver. Ainsi les commencements de mes éducations ont le plus souvent eu lieu sous l'influence d'une température de 12 à 13 degrés au-dessus de o ; ensuite, il n'a pas été rare, faisant toutes mes éducations dans une chambre sans feu , de voir plusieurs fois le thermomètre, après avoir monté à 19 ou 20 degrés, retomber, en un ou deux jours, à 16 ou 15 et même à 14 et 13 degrés. Enfin je dirai que j'ai fait moi-même toutes mes éducations expérimentales, notant jour par jour le nombre dont mes vers diminuaient, et que ceux qui prétendent avoir eu des éducations dans lesquelles ils n'ont pas perdu un seul ver les ont probablement fait faire par des ouvriers qui ne leur rendaient pas un compte fidèle, et qui, pour se faire valoir, prétendaient qu'il ne leur mourait jamais de vers, ce que je regarde comme une chose de toute impossibilité. Des vers à soie arrivés au moment où ils ont terminé leur cocon sont des hommes parvenus à l'âge de quarante ans, qu'on me permette cette comparaison ; or, sur mille enfants nés en même temps, combien en reste-t-il à l'âge de quarante ans? Si je consulte les tables de mortalité, je trouve que plus de la moitié n'existe plus. A la vérité, les vers à soie tels qu'on les élève dans les chambrées et avec les soins qu'on leur donne, surtout quand ils sont bien réguliers et bien entendus, sont sans doute exposés à moins de causes de mort que les hommes dans l'état ordinaire de la société; mais encore comment peut-on les préserver de toute influence fâcheuse pendant les quatre mues qu'ils doivent faire de toute nécessité, et qui sont pour eux des maladies fort graves et trop souvent funestes; je regarde cela comme impossible.

Si je n'avais fait qu'une ou deux éducations, je pourrais croire que je m'y suis mal pris ou que le hasard a été malheureux pour moi ; mais, après avoir fait, depuis dix-sept ans, au moins cinquante petites éducations de trois cents à quinze cents vers chaque, je ne suis parvenu qu'une seule fois à ne perdre qu'un neuvième de mes vers, à compter du moment de leur éclosion jusqu'au jour de la récolte des cocons. Du reste, je ne pense pas qu'il y ait aucun avantage à publier ainsi des succès prétendus, qui sont plutôt faits pour dégoûter ceux qui voudront se mettre de bonne foi à élever des vers à soie qu'à les y encourager. Ainsi ceux qui, lors de leur récolte, ne trouveront que six à huit cents cocons pour mille vers, renonceront à cette industrie, parce qu'ils ne croiront pas pouvoir lutter contre ceux qui sont assez habiles pour faire produire mille cocons à mille vers à soie.

Après cette digression, je reviens aux éducations hâtées par des repas fréquents et par une chaleur soutenue. Les douze éducations dont j'ai rapporté un peu plus haut quel avait été le produit, n'ayant pas été faites dans ces conditions, ne doivent point être citées comme preuve. Je ne les ai fait connaître que pour montrer qu'il peut y avoir des exceptions ; puisque, dans une éducation de trente-trois jours, la perte a été d'un quart, tandis qu'elle n'a été que d'un neuvième dans une autre dont la durée avait été de quarante-trois jours. Dans deux autres la perte a été égale, quoique la vie des vers ait été de trente-trois jours seulement dans l'une, et qu'elle se soit prolongée jusqu'à cinquante-sept jours dans l'autre. Qui peut produire cette différence dan la

perte et, par suite, dans le produit des éducations? Je
crois, quant à moi, qu'il faut l'attribuer à ce qu'indé-
pendamment des causes dont les influences nous sont
connues, comme celles des repas, des bons soins, de la
salubrité ou de l'insalubrité des magnaneries, d'un
certain degré de chaleur favorable aux vers à soie, il y
a dans l'atmosphère, selon la direction des vents, toutes
choses égales d'ailleurs, une influence plus grande encore peut-être et qui prime, pour ainsi dire, toutes les
autres. J'ai vu fréquemment aussi deux éducations
commencées à quelques jours de distance, mais dans
des circonstances en apparence toutes semblables, présenter cependant dans leurs produits des différences
très-sensibles. Cela me semble plus difficile encore à
expliquer.

Quant aux éducations accélérées par des repas fréquents
et par une chaleur soutenue, en attendant que la pratique
nous ait confirmé qu'elles sont plus avantageuses, la
théorie nous porte à croire d'une manière très-ration-
nelle qu'elles le sont réellement; et, si l'expérience nous
apprend qu'il y a quelquefois des exceptions à cette règle, je pense qu'il faut reconnaître que ces exceptions
sont dues à des influences atmosphériques dont nous
pouvons bien déterminer quelquefois les causes, mais
qui, dans d'autres circonstances, échappent à nos sens.

Boissier de Sauvages paraît être le premier qui ait
pensé à élever des vers à soie sous l'influence d'une
haute température (voyez *l'Art d'élever les vers à
soie, etc.*, page 93, 99 et 100); mais, quoique cet auteur
eût dès lors paru comprendre les avantages qu'on pourrait retirer des éducations accélérées par la chaleur, il

ne nous a laissé à ce sujet que des observations fort incomplètes, et personne, depuis lui, n'avait pensé à faire de nouvelles expériences pour s'assurer s'il était réellement avantageux de hâter les éducations.

M. C. Beauvais, dans ces derniers temps, s'étant voué d'une manière particulière, non-seulement à élever des vers à soie, mais encore à rechercher tous les moyens d'avancer cette industrie, et ajoutant en même temps beaucoup de confiance à toutes les pratiques usitées en ce genre par les Chinois, M. C. Beauvais, dis-je, après avoir eu connaissance, dans l'ouvrage du P. du Halde et dans le *Résumé* de M. Julien, de la manière de voir des Chinois sur les éducations accélérées, a entrepris de nouvelles expériences sur ce sujet. Il faut espérer que les résultats qu'il obtiendra pourront nous mettre à même de juger ce point important d'une industrie qui n'a jamais été autant cultivée que de nos jours, et dont les progrès n'ont jamais été aussi rapides.

Au printemps de 1836, M. C. Beauvais a fait une éducation en plaçant les vers à soie dans une atmosphère tenue à une haute température (27 à 28 degrés pendant les deux premiers âges, et 22 à 23 durant le reste de l'éducation) et dans laquelle il entretenait en même temps un certain degré d'humidité (75 à 85 degrés à l'hygromètre). En même temps que les vers étaient tenus dans cette atmosphère, ils étaient traités, pour l'alimentation, selon les principes de la méthode chinoise qui, suivie à la rigueur, consiste à donner aux jeunes vers quarante-huit repas le premier jour de leur naissance, trente le second, vingt-quatre le troisième, et douze pendant tout le reste de l'éducation. Par ces

moyens réunis, M. C. Beauvais est parvenu à terminer
son éducation en vingt-un jours.

Mais cet éducateur zélé ne paraît pas encore fixé sur
le nombre de jours auquel on peut, en définitive, réduire la vie des vers à soie à l'état de larve; car, d'a-
près un tableau publié l'an dernier, sous ses auspices,
par M. Brunet de Lagrange, ce nombre était fixé à
vingt-quatre; et, dans les *Annales de la Société sérici-
cole*, année 1838, p. 329, je trouve que M. C. Beauvais
est d'avis qu'il ne faut pas que ces éducations soient
trop rapides, et qu'il y a une juste modération à garder;
ainsi il paraît penser aujourd'hui qu'on ne doit pas les
faire en moins de vingt-cinq à vingt-six jours, et que la
température ne doit pas être élevée à plus de 20 degrés.

Personne ne s'est intéressé plus que moi aux succès
de M. C. Beauvais; mais, lorsque je l'ai vu vouloir réduire à vingt-un jours la durée des éducations, je n'ai
pu m'empêcher de témoigner mes inquiétudes et de
manifester mes craintes qu'en abrégeant par trop la vie
des vers ces insectes n'eussent pas assez de temps pour
digérer convenablement la nourriture qu'ils prendraient,
et pour que les sucs du mûrier qu'ils doivent assimiler à
leur propre substance fussent suffisamment élaborés
pour servir à la parfaite sécrétion de la soie. Dans ce
cas, je craignais que, la formation de cette dernière
étant par trop précipitée, elle n'eût pas toutes les qualités désirables pour que, lorsque l'insecte devra our-
dir son cocon, il pût le composer d'un fil aussi ner-
veux et aussi solide.

Aujourd'hui que M. C. Beauvais ne réduit plus qu'à
vingt-cinq ou vingt-six jours la vie des vers à soie dans

les éducations accélérées ; et que, d'après le tableau de
cette méthode par M. Brunet de Lagrange, je vois que
le moment de l'accélération a principalement lieu dans
les premiers âges, et que, lors des derniers, pendant
lesquels le ver sécrète et élabore sa soie, la durée de ces
derniers âges est, à peu près, la même que dans les
anciennes méthodes, et, en particulier, dans celle de
Dandolo, je suis très-porté à croire que l'application de
la méthode hâtée, que M. C. Beauvais a mise en pratique en la régularisant et en la perfectionnant, pourra
avoir une application très-utile pour les progrès ulté-
rieurs de l'industrie des vers à soie.

Cependant il reste encore deux choses à vérifier : par
la première il faudra déterminer d'une manière positive si la soie produite dans une éducation faite en
vingt-cinq à vingt-six jours seulement aura autant
d'élasticité, de force et de résistance, que celle provenant d'une éducation dont la durée aura été de trente
jours et plus. J'ai vu dernièrement, chez M. Robinet,
qui, déjà, a beaucoup fait pour cette industrie, et qui
consacre tout son temps à lui faire faire des progrès, un
instrument fort ingénieux de son invention, auquel il
donne le nom de *sérimètre*, et qui est propre à mesurer
avec la plus grande précision les degrés d'élasticité, de
force et de résistance des soies. Si, effectivement, les
soies produites en vingt-cinq à vingt-six jours, et même
en vingt-quatre seulement, résistent à l'épreuve de cet
instrument, point de doute alors que les éducations
accélérées, telles que les recommande M. C. Beauvais,
ne puissent produire d'immenses avantages. Parmi ces
avantages, je crois qu'on pourra surtout compter la

facilité de multiplier les éducations dans la même saison, chose que je ne cesse de recommander, et dont je crois avoir parlé le premier, il y a déjà quinze ans.

La seconde chose qui sera à vérifier, ce sera si les repas, aussi fréquents que les recommandent les Chinois, quarante-huit pendant le premier jour, etc., ou vingt-quatre seulement, selon l'indication de M. Brunet de Lagrange, sont d'une indispensable nécessité pour faire des éducations accélérées. M. Aubert (*Annales* déjà citées, p. 3o5) ne paraîtrait pas le croire, puisqu'il dit qu'avec une température de 16 à 18 degrés, et avec six repas seulement, ses vers ont été presque aussi vite que sous une température de 22 degrés. On pourrait peut-être essayer de diminuer le nombre des repas que conseille M. C. Beauvais, puisqu'il a déjà diminué de moitié ceux qu'il donne à ses vers, comparativement à ce que font les Chinois; mais vouloir les réduire à six repas en vingt-quatre heures, ainsi que dit l'avoir fait M. Aubert, je ne puis m'empêcher de croire la réduction beaucoup trop forte, et bien certainement on ne parviendra jamais à élever des vers à soie en vingt-cinq à vingt-six jours, en les tenant seulement à 16 ou 18 degrés. A cette température, j'ai toujours vu les vers ne se mettre à faire leur cocon qu'après le trentième jour.

Je crois donc qu'il est encore nécessaire de faire de nouvelles expériences sous les deux rapports que je viens d'énoncer, avant qu'on puisse prononcer d'une manière positive sur la prééminence des éducations hâtées, comparées à celles qui ne s'exécutent qu'en y employant sept à huit jours de plus.

Il est d'autant plus nécessaire de multiplier les expériences comparatives sur le nombre des repas qu'il convient de donner aux vers à soie dans le courant de
chaque journée ; que nous venons de voir que M. C.
Beauvais et M. Aubert n'étaient pas d'accord entre eux
sous ce rapport. Voyez, d'ailleurs, ce que j'ai dit à la
page 155 et suivantes , sur l'influence des repas plus
ou moins fréquents.

Anciennement, on ne donnait que deux repas par
jour à compter du jour de la naissance des vers jusqu'à
leur seconde mue ; c'est ainsi que le recommandait
Olivier de Serres en 1599, Isnard en 1665, et c'était
encore ainsi que communément on traitait les vers au
temps de Boissier de Sauvages, en 1763. Ce n'était que
dans le troisième, le quatrième et le cinquième âge qu'on
donnait trois, quatre à cinq repas. Il est vrai que les
éducations duraient alors six à sept semaines. Quel était
le rapport des éducations de vers à soie ainsi conduites ?
Olivier de Serres nous l'apprend. Une once de graine
dont les vers avaient consommé dix quintaux de feuilles
de mûrier rapportait communément cinq à six livres de
soie et quelquefois jusqu'à dix livres et davantage.

Aujourd'hui, dans les éducations-modèles, les vers
d'une once de graine mangent quinze quintaux de
feuilles et produisent cent vingt-huit livres de cocons
où onze à douze livres de soie. Ce dernier produit est
plus considérable, mais un tiers de feuille consommé
en plus ne fait-il pas compensation avec ce qu'on
obtient de plus en soie ? Je crois donc, en définitive, que
de nouvelles observations, selon les anciens procédés et
d'après les modernes, ont besoin d'être faites compara-

tivement, avant de pouvoir décider, d'une manière absolue et positive, de combien les pratiques modernes l'emportent au juste sur les anciennes.

§ IV. *Des coconières.*

La manière dont les Chinois s'y prennent pour faire faire leurs cocons aux vers à soie paraît être très-différente de celle qui est en usage en France et dans tous les autres pays de l'Europe. Nous sommes généralement dans l'habitude, au moment où les vers à soie annoncent qu'ils sont mûrs, d'établir sur les claies elles-mêmes, où les vers à soie sont alors, des faisceaux de bruyère, de bouleau, de genêt ou d'autres menues branches, et les vers, en abandonnant la litière, grimpent sur ces faisceaux, où ils vont eux-mêmes chercher la place qui leur convient pour y construire leur cocon.

Les Chinois s'y prennent tout autrement; ils établissent ce qu'ils appellent des coconières, et ils en font de plusieurs sortes. Ce que l'établissement des coconières chinoises offre de particulier, c'est qu'il paraît que, quelle que soit la forme qu'ils leur donnent, ils transportent le plus souvent, avant de les commencer, les vers sur d'autres claies que celles sur lesquelles ils ont vécu jusqu'à l'époque de leur maturité. Comme il est d'ailleurs essentiel de ne faire ce transport qu'au moment précis de la maturité, voici les préceptes qu'on trouve à ce sujet à la page 128 du *Résumé.* « Quand les vers à soie ont suffisamment mangé de feuilles, il est très-important de savoir reconnaître le moment précis où ils sont mûrs pour filer.... Quand un ver à soie est mûr, les deux glandes qui sont au bas de sa gorge sont claires et transparentes. S'ils sont trop jeunes d'un dixième lorsqu'on les met sur la coconière, ils donnent très-peu de soie ; s'ils sont trop vieux d'un dixième et qu'ils commencent à laisser échapper des fils de soie, ils ne manquent jamais à former un cocon très-mince. Il faut un œil très-exercé pour les saisir à propos. Les personnes douées d'un tact parfait ne se trompent pas sur un seul ver à soie. »

A la page 149 du même ouvrage, on trouve ce qui suit sur la manière de préparer une coconière. « On établit les coconières sur un terrain élevé ; chacune d'elles peut contenir les vers à soie de six grandes claies. Lorsqu'on voit que les vers à soie approchent des neuf dixièmes de leur maturité, il faut leur distribuer un peu de feuilles, puis on les transporte sur les claies de la coconière à l'aide de corbeilles en forme de cribles. Il faut les manier doucement lorsqu'on les prend pour les mettre sur les claies des coconières ; on doit les espacer d'une manière égale ; ensuite on les couvre avec de petites branches sèches où des tiges de haricots. On continue à disposer de nouveau des vers à soie comme la première fois jusqu'à ce qu'on ait fini la troisième claie, et on les recouvre de nouveau d'un lit de petites branches sèches. Après cette opération, on dresse des branches renversées (c'est-à-dire dont la base est tournée en haut), afin que les vers à soie puissent y monter ; elles peuvent recevoir tous les vers à soie de trois claies. En couvrant le haut de la coconière avec des plantes sèches, on lui donne une forme arrondie, on l'entoure de claies par le bas, et l'on dispose par le haut des paillassons roulés en cône, de manière que la tête de la

coconière ressemble à la pointe d'un pavillon. » La
forme extérieure de cette coconière est figurée plan-
che 6 de l'ouvrage de M. Julien, et les planches 5 et 7
donnent la forme de deux autres sortes qui sont décrites
dans le texte, p. 150 et 183 à 185, et qui diffèrent assez
les unes des autres, mais dont il paraît que le *Résumé*
n'a pu encore nous faire connaître toutes les formes
variées.

En effet, M. Vaillant, capitaine de *la Bonite*, dont
j'ai déjà parlé plus haut, a rapporté de la Chine une
coconière tout à fait différente de celles dont il
est fait mention dans les traités chinois traduits par
M. Julien. Celle de M. Vaillant, qui est maintenant dé-
posée au Jardin du Roi, est établie sur un cadre monté
sur quatre morceaux de bambou, et de la longueur de
six pieds et demi sur quatre et demi de hauteur. Le
fond de ce cadre est un plan horizontal formé de tiges de
roseau , ou d'une espèce analogue, refendues en lames
minces et entrelacées ensemble. Sur ce fond sont établies,
à dix ou douze lignes les unes des autres, des parois perpendiculaires formant du centre à la circonférence des
lignes en spirale non interrompue et composée en tout
de soixante-douze tours. Au centre est une place vide
et circulaire d'environ trois pouces de diamètre. Les
parois des lignes en spirale ne sont pas pleines, mais
aux trois quarts à claire-voie; elles sont faites, comme le
fond, en lames d'une sorte de roseau, mais plus minces
et beaucoup plus étroites; elles n'ont guère que trois
lignes de largeur et sont entre-croisées de manière à
former les unes au-dessus des autres des espèces de trous
en losange, longs de douze à quinze lignes sur huit à

neuf de hauteur, et à travers lesquels peuvent passer
les vers d'un tour de spirale à l'autre. Le capitaine
Vaillant n'a rapporté, que je sache, aucune instruction
sur la manière dont les Chinois se servent de cette coconière ; elle m'a paru, d'après ses proportions, être dans
le cas de pouvoir loger cinq à six mille vers. Ce que je
puis dire de l'essai que j'en ai fait, après en avoir établi
une sur le même modèle, mais d'après des dimensions
beaucoup moindres, c'est que cette coconière ne m'a
paru offrir aucun avantage sur les cabanes ou ramées
qu'on emploie ordinairement dans toutes les magnaneries pour faire filer les vers à soie ; elle m'a semblé, au
contraire, être beaucoup moins commode.

Ma petite coconière en spirale, que j'avais faite moi-
même en carton mince (je crois que la matière qui la
compose est fort indifférente), pouvait contenir une
centaine de vers à soie, et je n'y plaçai ceux-ci que lorsqu'aux signes ordinaires de maturité ils joignaient celui
d'avoir d'eux-mêmes quitté la litière. Eh bien! il y eut
la moitié de ces vers qui, quoique mis par moi dans des
endroits où ils n'avaient point à chercher pour trouver
une place commode pour la position de leur cocon, et,
à bien dire, toutes les places réunissaient cet avantage ;
la moitié de ces vers, dis-je, quittèrent cependant les
meilleures places pour aller courir plus ou moins loin,
sur la partie supérieure des parois de la spirale, et plusieurs même jusqu'à ce qu'ils se trouvassent enfin hors
de la coconière. La plus grande partie de ces vers
vagabonds, replacés de nouveau dans des lieux d'élec-
tion, les quittèrent encore, et il fallut, pour un assez
grand nombre, les remettre jusqu'à trois à six fois entre

les parois de la spirale avant qu'ils se décidassent à com
mencer leurs cocons.

J'ai improvisé une autre sorte de coconière en prenant des feuilles de papier fort que j'ai pliées en y faisant
une suite de plis de deux pouces de largeur. Lorsque
toute la feuille a été ainsi pliée, j'ai placé le papier
horizontalement sur une tablette en écartant les plis les
uns des autres, de sorte que leurs angles fussent distants
entre eux d'environ dix-huit à vingt lignes, et présen-
tassent ainsi des espèces de rainures ou de sillons,
dans lesquels j'ai placé un certain nombre de vers.
Ces petits animaux y ont fait leurs cocons à peu près
comme dans la coconière en spirale, ni mieux, ni
moins bien.

Je n'ai point essayé des autres formes de coconières qui se trouvent décrites dans le *Résumé ;* mais je
suis persuadé que non-seulement elles ne présentent
aucun avantage sur les cabanes usitées dans nos magnaneries, mais encore qu'elles sont sujettes à plusieurs
inconvénients plus ou moins graves.

Par exemple, il faut un œil très-exercé pour saisir à
propos le moment de la maturité des vers, et, si l'on en
place dans la coconière qui soient trop jeunes encore,
ils ne feront que de mauvais cocons et même pas du
tout. Ensuite, pour faire le choix des vers mûrs d'après
l'inspection des glandes placées sous leur gorge, cela
doit exiger une grande perte de temps, et la main-
d'œuvre est trop chère en France.

Troisièmement, je crois qu'à part la perte de temps
et le prix de la main-d'œuvre, l'arrangement des coconières chinoises doit être plus long que l'emploi du

boisement ordinaire, surtout depuis que, dans ces derniers
temps, on a substitué, aux faisceaux de bruyère et de bouleau posés les uns après les autres, de petites tringles
de bois blanc percées de quinze à vingt trous dans
lesquels on a fiché d'avance des brins de bouleau ou de
bruyère de la hauteur convenable, de manière que,
lorsqu'on reconnaît que le moment d'établir les cabanes
est arrivé, on prend ces rangées de faisceaux toutes
préparées à l'avance, on les dispose parallèlement sur
les claies à environ un pied l'une de l'autre, et les cabanes sont, d'une part, bien plus régulièrement faites ;
de l'autre, on les forme avec une rapidité telle que ce
n'est pas trop avancer de dire qu'elles sont peut-être
quatre fois plus tôt faites que celles qu'on pratiquait
avant cela.

Enfin, si certaines coconières chinoises sont faites
de manière que les vers ne puissent en sortir pour aller
courir et se perdre au dehors, il est bien certain que
la coconière en spirale doit avoir cet inconvénient,
auquel on ne remédie que par une surveillance conti-
nuelle.

D'après toutes ces considérations, je crois que le
mode de boisement ou d'encabanage, tel que M. C. Beauvais l'a pratiqué en 1835 et dont je viens de parler un
peu plus haut, est préférable à toutes les coconières
chinoises. Le ver à soie, lorsqu'il est mûr, a besoin, au
sortir de la litière, de rester pendant quelque temps à
chercher lui-même la place où il fera son cocon ; c'est
durant le temps qu'il emploie à faire ce choix, qu'il se
vide de tous les excréments qu'il contenait encore au
moment où il a abandonné la litière. J'ai mis exprès et

séparément dans des cornets de papier un grand nombre
de vers à soie, dans l'instant où ils quittaient la litière,
afin de m'assurer quelle était la quantité de ces excréments, et j'ai trouvé, dans tous les cornets, depuis
huit à dix crottes jusqu'à vingt. Lorsque le ver a
rendu tous ces excréments solides, il finit, avant de
commencer son cocon, par rendre plusieurs gouttes
d'une humeur qui paraît d'abord comme aqueuse et
incolore, mais qui laisse sur le papier, lorsqu'elle s'est
desséchée, des taches verdâtres ou jaunâtres.

Ce n'est pas cependant que je veuille prétendre que
le système de boisement ou d'encabanage soit encore
aussi perfectionné chez nous qu'il pourra l'être un jour.
Je crois seulement que, tel qu'il existe maintenant, il
vaut au moins tout autant, si même il ne vaut mieux,
que les coconières que font les Chinois; il exige certainement moins de peines, l'emploi de moins de temps, et
n'est pas sujet aux inconvénients qu'elles présentent.

M. Davril, que j'ai déjà eu occasion de citer plus
haut, vient d'imaginer un nouveau système d'encabanage qu'il forme avec de petites tringles de bois blanc
resciées très-minces, ce qui lui permet de n'employer ni
bruyères, ni bouleaux ou autres menues branches pour
faire filer les vers. Il donne le nom de coconière à
l'assemblage de ses petite tringles, qui sont disposées de
manière que les unes sont placées perpendiculairement
et les autres horizontalement. M. Davril désigne sous le
nom d'échelles d'ascension les tringles perpendiculaires
dont les extrémités inférieures sont placées à peu de
distance de la litière, de manière à permettre aux vers,
lorsqu'ils sont mûrs, de les atteindre facilement, d'y

grimper et d'aller eux-mêmes choisir la place qui leur conviendra. Les tringles horizontales se joignent à angle droit au-dessus des premières et forment comme une sorte de table à jour dans laquelle les vers se logent pour faire leurs cocons. Les tringles perpendiculaires et celles qui sont horizontales sont disposées sur deux rangs, dont les lignes alternent entre elles, et de manière qu'elles offrent constamment dans leur intervalle, un triangle vide, large d'environ quinze lignes, au milieu duquel il est toujours commode et facile aux vers à soie de placer leur cocon.

On ne pose cet appareil, au-dessus des claies sur lesquelles les vers à soie sont placés, qu'au moment où s'annonce la montée des vers. Il se démonte ensuite aussitôt que les cocons sont terminés et qu'on veut en faire la récolte; alors ses différentes pièces peuvent être placées perpendiculairement les unes à côté des autres dans un cabinet où, par des moyens convenables, on introduira de la vapeur pour étouffer immédiatement les chrysalides. Quand cet étouffement a été opéré, il faut remettre en place les échelles dont les intervalles contiennent les cocons afin qu'ils se sèchent, et il ne reste plus ensuite qu'à en tirer la soie. En même temps que cet appareil, M. Davril a imaginé un nouveau système de claies à tiroirs en filets de canne pour les délitemens par superposition, procédé qu'il se propose de publier très-incessamment. Au reste, le nouveau système de coconière de cet éducateur m'a paru très-ingénieux, et je n'hésite pas à lui donner la préférence sur les coconières chinoises; cependant il faut que l'expérience et la pratique en sanctionnent l'usage.

J'aurais bien encore quelques réflexions à faire sur plusieurs pratiques des Chinois touchant les vers à soie; ainsi je crois qu'il eût été utile que le livre de M. Julien eût été accompagné de notes et de commentaires faits par une personne impartiale et dégagée de toute espèce de préjugés. Tel qu'il est cependant, il aura rendu un grand service à l'industrie de la soie, en nous faisant connaître beaucoup de procédés que nous ignorions entièrement; mais, en définitive, je crois qu'avant de nous presser de les adopter tous et de leur donner la préférence sur les nôtres, il sera bon de les soumettre à l'expérience.

OBSERVATION PARTICULIÈRE.

On pourrait croire que, lorsqu'une éducation de vers à soie a été faite en automne, les œufs qui sont pondus par les papillons femelles de cette éducation retardée éclosent plus tard, au printemps suivant, que ceux qui ont été faits dès le mois de juillet par les femelles d'une première éducation; mais il n'en est rien. Les papillons des vers de la petite éducation que je ne terminai qu'après le 20 septembre 1836, et dont j'ai parlé page 49 à 52, ne pondirent leurs œufs que du 21 au 26 octobre suivant; cependant ces œufs ont commencé à éclore le 31 mai 1837, en même temps que ceux qui avaient été pondus trois mois plus tôt.

FIN.

TABLE DES MATIÈRES.

FIN DE LA TABLE.

IMPRIMERIE ET LIBRAIRIE DE MADAME HUZARD
(NÉE VALLAT LA CHAPELLE), rue de l'Éperon, 7.

www.ingramcontent.com/pod-product-compliance
Ingram Content Group UK Ltd.
Pitfield, Milton Keynes, MK11 3LW, UK
UKHW021128220726
13924UKWH00004B/1959